利潤塔策略
創業者的資本思維

策略定義 × 能力圈構成 × 利潤主線界定 × 盈利點分布……
擺脫單一成長模式，實現長期穩健的企業增值

Profit Tower Strategy

從 0 到百億！商業價值＋資本價值
擺脫單一價值，企業資本與商業價值雙贏
推動創業者在複雜市場中有效增強競爭力

蒼布子 著

目 錄

推薦序一

推薦序二

自序　為當下自遇

PART1　啟程

　　014　　第 1 章　新創業時代

PART2　利潤塔體系

　　034　　第 2 章　利潤塔理論

　　042　　第 3 章　策略定義

　　053　　第 4 章　能力圈構成

　　080　　第 5 章　利潤主線界定

　　115　　第 6 章　盈利點分布

目錄

PART3　利潤塔應用

126　　第 7 章　如何應用利潤塔重構價值

PART4　利潤塔與新資本價值

156　　第 8 章　新資本趨勢

173　　第 9 章　利潤塔支撐公司的資本價值

202　　第 10 章　永續融資的 4F 法則

211　　第 11 章　價值評測

217　　第 12 章　資本價值獲取的 5 點建議

推薦序一

　　新時代、新形勢需要新的商業邏輯，而企業家的認知思維也須跟隨新時代、新形勢的腳步轉變更新。本書在作者豐富創業經驗的基礎上，揭示了新形勢下商業流變的基本規律，提供了一個策略定義、組織能力與利潤成長之間的認知框架。作者立足未來資產的開發與管理，創造性地提出了重構企業新資本價值的利潤塔實戰體系，這對於企業在動態且複雜的環境下，建構可永續的價值創造體系，提升盈利能力大有助益。同時，本書對中小企業提升投資效率，規避創業陷阱，以及實現健康持續發展具有借鑑意義。

胡國棟

《海爾制》作者

工商管理學院副院長、教授

推薦序一

推薦序二

　　司馬懿之謀，可謂智極，然其遇諸葛，卻鮮有勝仗，只因他忽略了對手的某個視角。視角全，則可常勝，成智者。戰場如此，商場何嘗有別。余觀 30 年來商界之風雲變幻，猶如三國一甲子間的天下紛爭，然而未見商界之作以饗讀者。

　　處商界者，多因漏掉了視角而為人所制。故馳騁商場而謀得一片市場者，必常內觀其視角，掌控全局之視野，以至謀定而後動，步步推進而成其事，又何嘗與三國時的諸多英雄有別乎？

　　現如今，企業管理、商業理論等類別的圖書琳瑯滿目，其中大多是老生常談，讀者閱後難有補漏之快感。

　　本書從價值重構的視角出發，基於利潤的塔型結構分析模型，對盈利要素進行分解、定位，並詳述企業價值鏈實現過程中各階段的落地步驟，讓資本找到合適的著力點，為新時代企業價值的永續性發展開啟了一扇新的窗口。

Brian Teng

美籍華裔科學家，工業 4.0 專家，

南加州大學物理學博士、教授

推薦序二

自序　為當下自遇

「學得越多，越容易成功。」許多年輕的創業者大都相信這樣的言論。其實不然。

大學畢業之後的十幾年間，我太渴望成功了，曾經大量閱讀了海內外包括經濟、管理、市場、行銷、成功學、名人傳記以及各種與經營相關的理論書籍，至今家裡仍有上千本的藏書。當時，我花了不少錢，參加了一系列企業經營培訓課，卻依然未能阻止我在創業過程中不斷犯錯、走彎路，甚至是一敗塗地的經歷。為了實踐一些優秀書籍中不同的、令人激動的理論，我與我的團隊也曾花費數年時間，投入上千萬元，結果卻不甚理想。當然，也可能是我們資質太過愚鈍的緣故吧。

直到後來，我進入媒介與投資領域，看過也聽過無數不同行業的專案計畫，並與大量不同年齡、不同從業背景的創業者一對一地深度面談，了解他們的認知結構、思考方式、行動邏輯與經營現狀，由此判斷專案可能的結果與走向。在這一過程中，有一天你會突然發現太多的人知道了太多與創業成功無關的，甚至是與之相違逆的知識點，卻偏偏以此自傲並且沾沾自喜，認為這是自己的優勢所在或是奔向未來的

自序　爲當下自遇

最大倚仗。正如我以前所犯的「南轅北轍」的錯誤一樣：他不知道方向不對，趕路的條件越好，離楚國就會越遠。

　　由於親歷創業的苦痛，我累積了許多成功和失敗的案例，明明知道、看到有人正走向挫敗卻無能為力的感覺也是一種折磨，於是萌生了寫一本對中小企業創業者能有所幫助的書的念頭，卻出於各種原因遲遲沒有動筆。可能是因為我的潛意識在懷疑自己能否寫成這樣的一本書的緣故吧。我從未有過寫書的經歷，的確不知道應該怎麼寫讀者才會喜歡它。這真是一件令人糾結的事情。在這本書完稿之前，我修改了 3 次書名，最終還是回到初始的命名「利潤塔」。我前後調整了 11 次目錄，當然這還不算有時與朋友一起喝酒之後，晚上心血來潮地改來改去，然後第二天再改回來的插曲。儘管如此，我依然不知道讀者朋友是否會認可書中的觀點及其價值。

　　動筆的真正契機是 2020 年春節期間，因新冠肺炎疫情居家後，我看著社群媒體裡邱吉爾（Winston Churchill）的名言「不要浪費一場危機」，這算是給了我一個正經八百的寫書緣由了。可是，我樂觀地猜想了新冠肺炎疫情的結束時間，也低估了寫一本擁有獨創性且兼具理論性與實戰性圖書的難度與時間週期，從最初預計的六個月持續到了如今的兩年半才算完稿。為什麼呢？真實的原因是害怕。因為寫著寫著就發

現自己有點神經過敏了,我總是害怕寫得不好,如果誤人子弟就罪過太大了。有時卡在一個地方兩、三個月過不去,一度產生「算了,我不寫了」的洩氣念頭,但好在沒有放棄,堅持到了最後。

在本書完稿的過程中,我得到了 Brian 博士、經濟學家柯斌武先生和資本專家李毅先生對書中內容的有益建議,在出版過程中,我得到了某財經大學培訓學院副院長徐剛先生、財經作家袁嘯雲先生的幫助,在此致以誠摯的謝意。此外,我還要感謝金彥、黃玉流、吳勤等好友的鼓勵和支持。

寫這本書的目的:一是希望總結自己二十多年就職、創業和投資等歷程中對於成功和失敗的思考、覆盤和整理,並將其歸結到「利潤塔」四個必然要素的構形上,形成一個聚焦實戰的全新理論體系;二是希望給創業者一個集中注意力的實用邏輯核心,在創業的路上多一些有益的思考與助力。

本書的內容沒有說教之意,只是從不同角度對創業所做的觀察與思考、對公司價值邏輯進行的探索等。內容有些硬,有的地方理解起來可能有些費力,需要不斷思考。所有的理論都源自本人的反思以及對世界管中窺豹的探索,難免存在個體局限性,期待各位讀者對書中的內容提出指正、批評或建議。

於個人來說,我喜歡參禪。一切的自我修練,不是為了

自序　爲當下自遇

突顯我能，而是為了在最好時間裡的「當下自遇」，正如這本書的出現。當然，若我所追求的東西還沒有「自遇」，則說明道之未及，故而仍需努力。真誠地希望各位讀者朋友也喜歡「自遇」這樣的說法。

以此為序，感謝遇見。

蒼布子

PART1
啟程

PART1　啟程

第 1 章　新創業時代

1.1　商業流變

「人不能兩次踏進同一條河流。」、「一切皆流，無物常駐。」這是古希臘哲學家赫拉克利特（Heraclitus）對變化的概括，他聲稱「人不能兩次踏進同一條河流」，認為世界的一切都在運動和變化。

傳統的商業邏輯，是過去的一條河流，我們現在是否還能用傳統的商業邏輯思考問題？世界看上去雖沒什麼兩樣，可是已有人準備移民火星了。

過去，在資訊與交通不夠發達的年代，商業邏輯大體是「大魚吃小魚，快魚吃慢魚」。大品牌或大企業具有天然的競爭優勢，它們可以從容布局，以大吃小；可以先發制人，憑藉快速涵蓋銷售管道的能力，在市場上稱王稱霸。

現在，行動網路的發展使世界變成了「地球村」，商業大勢已然向末端使用者傾斜，出現了「蟻多咬死象」的競爭環境。不少「大而強」的企業長期累積的市場優勢，正在被無數「小而美」的企業一點點地細分蠶食。再加上跨界發展的野蠻侵襲，不斷打破著「井水與河水」的行業界限，讓所有過去的

優勢都變得岌岌可危。「大魚」主宰的時代已經過去，企業生存與發展的難度都在加大，平均的生命週期在縮短，未來變得更加不確定了。

很多時候，創業者或企業經營者還可能因為各種意外情況，被迫在中途改變經營行為。例如，2008 年的世界金融危機、2020 年初的新冠肺炎疫情等事件，猝不及防地中斷了企業正常的經營程序，逼迫人們立即思考應對危機的方案。這對局部領域，甚至是全球商業格局都產生了不確定的影響。雖然，「黑天鵝」事件不會經常遇到，但毫無疑問的是，創業、經營企業的干擾因素卻變得越來越多。

伴隨著國際政治經濟大勢、新科技以及資本市場等多重動因，商業流變的速度進一步加快，經濟局勢的動盪在悄然間愈加劇烈。企業短期的收益與未來都面臨著前所未有的考驗，一切都在流變中掙扎著。

當商業流變推著我們不知不覺地遠離印象中已知的世界時，我們依然停留在過去的那條河中，其後果可想而知。

消費行為變遷是根本動因

大部分人可能從未想過商業流變是由什麼帶來的。從本質上講，資訊傳播技術的革新驅動大眾消費行為的變遷，是商業流變的根本動因。

PART1　啟程

　　社會經濟的富足帶來中等收入族群的興起，良好的財富基礎解放了年輕人的理想與追求，在代際更迭的消費潮流下，使用者行為伴隨行動互聯技術的發展，走向了新的遠方。

　　新生代帶動使用者消費行為產生集體變遷，從過去的被動接收資訊，轉向主動搜尋、比對與分享。在這一過程中，網路與自媒體爆發出的大量資訊，不斷影響並干擾著使用者的購買注意力，使用者購買結果的不確定性被迅速放大，消費的忠誠度大幅下降，導致大眾市場走向新的兩極分化：一方面，使用者越來越關注成本比對，享受產品供給過剩帶來的紅利；另一方面，使用者越來越注重非物質性的情境滿足感，並願意為此付出高價，其中包括顏值、調性、場景與娛樂性等影響情緒的因素。與此同時，使用者對產品的品質、交付速度以及服務的滿意度提出了更高的要求。

　　在這種市場背景下，各種誇張、離奇的促銷手段層出不窮，使用者被過度行銷，劣幣驅逐良幣事件不斷發生。自媒體的迅速成長，引發社交商業化的泛濫，令越來越多的人困在金錢至上的商業氛圍中。人們的消費信任被過度透支，情感變得廉價，成交變得越來越困難。新產品和新專案獲取流量的成本越來越高，推廣難度也越來越大，創業者的生存度正在不斷下降。

可以說，這是一個幸運的時代，因為商業流變推動市場更迭將產生越來越多新的創業機會。然而，這也是一個不幸的時代，因為創業者對企業未來的掌控力變得越來越弱。

使用者消費心理與購買行為的變化，讓新時代的商業價值邏輯發生了重大的遷移，迫使所有企業透過調整或轉型來適應新的市場態勢，由此產生了適應性風險，這是公司價值投資不確定性的底層動因。

1.2 紅利衰竭的下半場創業

經濟發展過程中最好的創業時代已經過去，整個經濟社會的商業運行邏輯已發生了根本性的轉變。僅靠血性、本能、直覺，以及依賴傳統經驗的原始創業方式，已經幾乎不可能獲得更大的成就。

近年來，世界經濟的成長趨勢明顯放緩，受新冠肺炎疫情及貿易摩擦等因素的影響，經濟全球化紅利進入盤整時期。

消失的人口紅利

人口作為經濟成長的要素之一，其紅利的消失，必然導致勞動力供給不足和成本上升，進而導致企業開工不足和競爭力下降。這迫使很多企業不得不遷往成本更低、勞動力供

給更為充足的國家和地區。這在相當程度上導致諸多地方出現產業空心化的現象。

從國際經驗來看，人口老齡化程度越高的國家，經濟增速往往越慢，且國內投資率也會明顯下降。對於一些國家來說，近年來老齡化趨勢的加速，伴隨著「未富先老」等諸多問題，將對未來經濟和社會造成一定衝擊。

告別政策紅利

近幾年，儘管政府在大力推動雙創經濟的發展，不斷改造、建立各種產業園，發表各種政策與激勵措施，但經濟成長率依舊在平穩下滑。自新冠肺炎疫情以來，經濟成長的走勢雖有反轉，但從長期來看，依然不容樂觀。這預示著我們已徹底告別號角高昂的政策驅動發展的紅利期，進入成長相對較低的新常態。

破碎的流量紅利

曾幾何時，網路的蓬勃發展推動了全民創業的熱潮，大量的投資機構蜂擁而上，炙手可熱的網路賽道裡湧現了許多成功案例。

統計資料顯示，2018年底，某國網友總規模為8.29億，手機網友總規模達8.17億，占全體網友比例的98.6%。手機

第 1 章　新創業時代

網友數量與網友總數相差無幾,宣告行動網路流量接近完全飽和,使用者規模不再高速成長。2019 年,某國行動網路月度活躍設備規模觸頂為 11.4 億,第二季使用者規模單季內下降近 200 萬。

這意味著網路使用者成長的流量紅利徹底消失,電商告別了高速成長的時代,流量競爭進入了日趨激烈的存量時期。

伴隨電商使用者獲取成本的一路高漲,普通創業者只能望洋興嘆,而大部分投資機構也紛紛撤離了網路賽道。

時代的列車離站,只留下一聲呼嘯而過的餘音。

經濟發展過程中最激昂的創業時代已然結束,整個經濟社會的商業運行及價值表現都已發生了重大轉變。

紅利衰竭,是在宣告一個低效時代的終結。

對於所有創業者來說,未來的路會越發艱難。艱難的不是需要你加倍努力地奮鬥,而是有可能無論你怎樣努力(資本角逐),也難以逃離被擠向懸崖的定數;艱難的不是需要你加倍地學習,而是有可能你學得越多(陳舊的邏輯),越容易掉入所謂「過來人」的失誤……

行路難並不可怕,可怕的是思維上的孤單和無助。

1.3 識勢、斷事與用人

善識勢,可以為師;善斷事,可以為相;善用人,可以為帥。得其二者或可為良師,良相,良帥。三者皆善者,則有帝王潛質。

我們常說的「投資就是投人」,無非是想投中一個「王者」,誰都不希望遇到「扶不起來的阿斗」。某公司「2022 進退有度」專題報告中就以「全球經濟,一個低效時代在終結」為前言開篇。文中最後總結道:人口老齡化、綠色轉型、產業鏈重組、金融監管加強、降低貧富差距會終結全球經濟的低效時代,從追求短期的效率和成本下降,到注重中長期的永續性。這幾種力量的作用雖並不同步,在不同國家也有不同的呈現,但大方向是一致的。

這是全球經濟發展的大勢背景。

識勢

正所謂「時勢造英雄」。

每一個時代,都有脈絡清晰的運行規律以及其特有的經濟發展趨勢。

一個創業者若無法讀懂並順應時代發展的大勢所趨,是很難演繹出一部「神級大作」的。

第 1 章 新創業時代

當然,大部分的創業者也許並不需要理解太多高深難懂的經濟哲學,他們只需要藉助頂流機構的分析與見解,去思考、理解大勢的基本走向,為公司在更高的層面上辨明方向即可。

識勢,是一家公司策略定義的前提,同時也是對一個公司領路人的基本要求。

創業前期,創業者需要多花時間深入研究:進入哪一個領域,它為什麼適合你?使用者需求的趨勢是什麼?為此要提供什麼樣的產品與服務?

創業後期,創業者要不斷反思自己對行業發展趨勢的理解是否正確,公司的策略定義是否符合趨勢要求,創業者及核心團隊是否集體達成了策略共識,公司的商業模式是否悖逆政治、經濟及資本市場的整體大勢,公司業務在實際營運中是否貼合市場需求變遷的形勢等。

只有正確地辨識社會及經濟發展的大趨勢,公司才能順勢而為,做出世所矚目的成就。那些逆勢而行的公司則免不了被時代拋棄的命運。

對於所有創業者來說,識勢都是一個嚴峻的認知考驗。然而,對於專業投資人來說,「識外評內」只不過是一項日常修為。他們會順著政治、經濟、產業與資本市場等社會發展的外勢,對感興趣的專案透過關鍵問題交流或盡職調查的方

式，辨識公司發展的內勢，比如公司當前的經營局勢，永續性成長的態勢及未來發展的可能走勢等，必須先從大局上評定公司價值的含量。

斷事

正所謂「當斷不斷，反受其亂」。

一家公司的領導者如果不善於斷事，必然會事必躬親，很容易陷入無窮盡的公司事務中，從而迷失方向，陷入憑本能、經驗與直覺經營的野生狀態。

明事理，能決斷，這是斷事之道。

為提高斷事能力，我們需要不斷探索、辨明事物發展的規律性，洞察人性的本能及其善惡特徵。理解人的認知局限性，明白所有的判斷與決定都不可能是完美的，但我們最終還是要做出決斷。正如《原則》(*Principles*)所言：「不管我一生中獲得了多大的成功，其主要原因都不是我知道多少事情，而是我知道在無知的情況下自己應該怎麼做。」

在公司發展的過程中，領導者會不斷遇到需要在無知的情況下做出決策的狀況，為降低決策的盲目性，領導者需要提升「三斷」的能力。

1. 斷是非

(A) 策略符合的是與非：以公司的策略定義為中心，對公司的重要事項做出「是」與「非」的判斷，保持方向的一致性，避免公司產生「經營分裂症」。

(B) 人事背後的是與非：透過「對事不對人」與「對人不對事」的雙線錯開，發現問題的本質，加強對公司重要職位的人事管控，避免官僚主義滋生對組織的負面影響。

2. 斷大小

圍繞「業務支撐策略」的判斷標準，公司決策層可透過兩個「凡是」抓大放小。

(A) 凡是能夠對目標使用者產生影響的事，都是大事。

(B) 凡是對公司策略產生影響的事，都是大事。

3. 斷生死

在公司發展的關鍵節點，公司領導者應站在全面性視角做出決斷。

(A) 斷走向：判斷事情的走勢，盡可能保持策略的穩定性，避免公司陷入動盪中。

(B) 斷轉向：公司若要進行策略轉型，則必須有來自市場一線的資料驗證，不可隨意憑直覺、靠想像決定。

用人

正所謂「知人善用，此乃王道」。

知是用的前提，創業者對於人性中所包含的共性、個性與特性的認知程度，往往決定其用人的水準。

一家公司的成就大小，與用人水準有直接的關係。不同的公司採用的用人方式會有很大的不同。

公司屬於營利性組織，而人是實現盈利目標的載體，載體的好壞由公司用人的環境決定，歸根結柢，創始人是起因，也決定了結果。

所有公司的終極命題就好比組建一支職業化球隊去踢世界盃比賽。只不過，許多公司都奔跑在業餘的賽場上。我們不能指望業餘球隊能和職業球隊對抗，這是基本常識。要組建職業隊伍，識人、用人與留人是三大常規命題。要解這三大命題，需要從組織架構、個體能力以及個體的組織效用三個方面分析公司的用人場景。

1. 組織架構

公司的組織架構基本由三個層面組成：策略層、部門層與執行層。在不同層面上，對人的能力要求會有本質上的不同，比如策略層要求人的識勢與「斷是非」能力要突出；部門層至少需具備「斷大小」的能力，這些都屬於基礎共性的部

分。但是，由於不同公司的業務屬性不一樣，因而在同樣層面上對人的具體能力要求又會有所差異。

中小企業由於公司人數少，其組織架構可能不會涉及完整的三個層面，但其功能層還是存在的，只不過由創始人團隊一肩挑罷了。

2. 個體能力

職場人士的個體能力大體可分為三類：統籌型、專項型與助理型。

統籌型人士適合帶領團隊，定目標、拿結果。相對來說，這類人更容易進入策略層成為高階主管。

專項型人士大都專注於某一領域，在該領域有一定的天賦及專業能力，適合把一件事做到極致，容易成為某一方面的專家。如果有一定的統籌能力則會是很好的部門層主管，並有潛力成為綜合型的高階主管，甚至是總經理人選。

助理型人士往往適合溝通協調等輔助性的工作，有利於解決人與人以及人與事之間出現的障礙性問題，提高組織效能，可向公司的董祕、總經理助理及部門層等方向培養。

3. 個體的組織效用

一個組織的能力是否強大，個體效用是非常關鍵的因素。如果沒有潛力良好的接班後備人才，組織就會隨時間的

推移走向沒落。

對於個體效用潛力，可用兩項簡單的硬指標衡量：意願度與學習力，如圖 1-1 所示。這兩項指標的交叉覆蓋形成四個象限，不同象限代表了個體對組織長期效用的價值屬性。鷹型員工顯然是所有組織爭搶的對象，我們通常所說的明星員工，幾乎都來自鷹型；刺蝟型員工則是公司長期發展的中堅力量；狐型員工的適用性要看企業文化及領導者的駕馭能力；豬型員工就不必多說了。

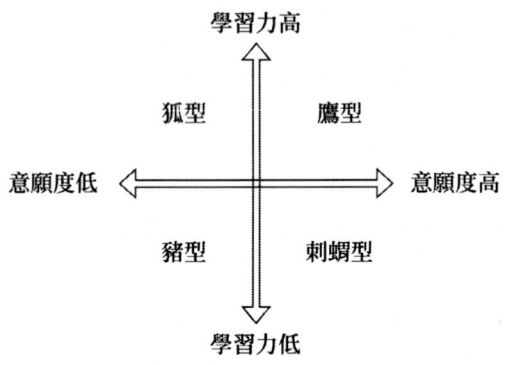

圖 1-1 個體效用潛力指標示意

一個人學習力的高低決定了個體能力成長的速度及其未來對組織的效用價值。意願度高低則決定了員工是否願意把個人能力全心地投入公司的創業行為中，決定了員工對公司的長期貢獻價值。從效用意義上說，意願度的重要性強於學習力。

中小企業招攬鷹型員工是很難實現的，比較務實的做法是吸引刺蝟型人才，形成務實肯做事的組織文化特徵，這是組織生存的第一要務。很少公司在起步階段就有能力以高薪大量吸納名校的鷹型畢業生進行培養，凝聚起敢打肯拚的團隊精神，並在公司發展的關鍵階段重構獨特有力的用人文化，創造了企業的奇蹟。

較為流行的用人原則是適才適所，即把合適的人用在合適的職位上。不同的創業者由於職業經歷、個人成就、經營水準，以及對用人的認知與理解能力不同，要達到適才適所的理想用人狀態，至少需要 10 年以上的歷練。當然，我們也可以透過學習不同的企業案例、書籍以及歷史人物的理論和經驗來提高識人用人之道。

創業初期如何用人？

先組小團體，後團隊。

通常「小團體」這個詞帶有貶義，這裡可以把它當作中性詞看待。

小團體是指由緊密的個人關係形成了不問是非的共同價值觀，甚至是盲目協同的行動一致性。小團體關係中的領頭人，通常就是群體的意見領袖。在小團體場景下的用人，首先以情動人，然後以餅誘人，號召大家為共同的未來而奮鬥。達到「凡是敵人反對的，我們就要擁護；凡是敵人擁護的，我們就

要反對」的共情效果，凝聚人心，推動公司的快速成長。

小團體式發展一般適合創業早期，團隊則需要「狼性精神」。該模式可激發團隊成員強大的戰鬥力，全公司更容易獲得階段性成功。

當公司度過了小團體式發展的「草莽」時期，就要提高公司的專業化與職業化程度，開始進入團隊式發展階段。

在新的創業時代，團隊發展的代表性特徵是實施股權激勵機制。透過股權激勵機制的設計與執行，吸引、鎖定優秀的鷹型人才及刺蝟型人才，打造職業化的管理體系，奠定公司永續性成長的根基，進而為公司的資本化過程鋪平道路。

當然，不管公司處於哪一個發展階段，對於創業者來說「如何用人」是伴隨公司終身的一項修為。

1.4　四字簡律

創業者要了解企業發展的基本規律。一般來講，中小企業在發展壯大的過程中，大都會歷行四字簡律 —— 亂、收、精、細。

「亂」字啟始

首先，亂是必然的啟始。

在初創期，百廢待舉，公司的產品或業務還沒有完全定

型,不管是員工還是合夥人,都沒有真正進入適合公司發展的角色定義中,團隊成員在新的組織中的職能相配性還有待驗證。這是一家公司最不確定的動盪時期,因而亂是必然的。

治亂的要訣在於「形散而神不散」。

公司的創始人要在「亂」的過程中,做到「抓大放小」(識勢、斷事),即主抓影響公司生存及發展的重要事件,把相對較小的事項交給合適的團隊成員處理,在推動公司業績向上走的過程中,逐漸找到準確的市場方向與定位,摸清團隊核心成員的優勢與劣勢,進而思考應如何發揮每個人的優勢,獲得階段性的成功。

「收」的能力

當業務基本定型之後,公司就應該收攏力量,培育後備人才團隊,在既定的方向上展開突破,走向成長期。成長期的發展速度越快,公司越處於不可避免的「亂」的狀態。此時,創始人的主要精力要收到業務主線上,進行流程整理,建立高效的工作流程,順著事情的重要次序進行局部規範化,逐步建立有效的業績管理與激勵機制,開始形成公司獨有的組織文化。

做「精」組織

走過成長期後,許多公司的業績會進入一個相對穩定的時期。在此期間,各部門的工作有序發展,公司基本上「收」

住了「亂」的局面。但大多數公司團隊的能力圈邊界卻逐漸顯現，管理上的內耗逐漸增多。這時候，如果沒有「精進」的組織文化與強而有力的領導力推動，許多公司會在一條平行線上發展，最後平庸而死。

一般來說，成長期之後的穩定期是公司進行組織變革的黃金時期。那些懂得在黃金時期實施「精兵強將」策略的公司在爆發出驚人的發展潛力後，將邁向擴張期。所謂的「精兵強將」策略，就是著重建設強大的人力資源體系，從外部引進高層管理「強將」，從內部推動「精兵」人才團隊培養計畫，打造公司的企業文化與價值觀體系，以及與公司策略相搭配的組織管理體系，確保公司當前的發展勢頭，同時防止在下一個快速發展時期出現高層管理者能力跟不上的情況。

做「細」的職業化精神

在不同的發展時期，公司的「細」做主要表現在三個層面：

一是在成長期，能有效支撐公司業績成長的工作流程與行為規範，必須要「細」到位。

二是在公司準備進入擴張期之前，關鍵局部及最小標準化經營單元的範本要做「細」，要達到可規模化複製的模組化水準。這將決定公司在擴張期加速發展時能走多遠。

三是公司業務進入成熟期之後,需要透過全面做「細」提升管理效能,降低成本,保持永續性的經營利潤。

在做「細」的過程中,不同的公司會根據自身的業務特點,採用 KPI ／ OKR 等不同的績效管理機制,引進專業經理人,推動公司不同部門的職業化管理程序。特別需要注意的是,公司的企業文化與價值觀既是公司職業化精神的支柱,也是防止公司官僚主義行為產生的核心武器。公司有效的價值觀體系可確保合適的人在合適的職位上,為這臺管理機器的運轉輸送高效的能量;否則,職業化只會帶來更高的成本、僵化與內耗。

以上四字簡律,雖有助於創業者了解公司基本的發展觀,但對於絕大多數中小企業的創業者來說,更為重要的是,找到一個簡單、可參照的運行體系,可以迅速掌握其核心要旨,並將其用於指導經營行為,提升企業的永續性發展能力。利潤塔的實戰理論體系就是為順應這樣一個基本命題而產生的。

PART1　啟程

PART2
利潤塔體系

第 2 章　利潤塔理論

2.1　公司的未來資產

從資本維度來看，未來資產存在的前提是公司未來在資本市場上有想像空間。它可以是獨立上市的想像空間，也可以是上市公司及其旗下子公司，或是擬上市公司併購計畫中的一塊拼圖構成。

現有資產

從傳統視角來看，按會計準則定義，一家公司的資產通常是現在式，是指公司所有能以貨幣計量的經濟資源，包括各種財產、債權和其他權利。公司資產按照其流動性，可分為流動資產和非流動資產。

從資產的形態來看，公司資產包括有形資產與無形資產兩類。有形資產是指有實物形態的貨幣性資產，無形資產則是指沒有實物形態的可辨認非貨幣性資產，包括專利權、商標權、著作權、土地使用權、非專利技術等。

未來資產

未來資產是什麼？顧名思義，它是指公司未來可能存在的資產，這裡隱含一種風險假設，就是未來也可能是不存在的。從某種意義上講，未來資產也是一種信心資產。

由此，拋開靜態的會計準則，從動態發展的新資本理念來看，公司資產的全部構成應當包括現有資產與未來資產。

如圖 2-1 所示。

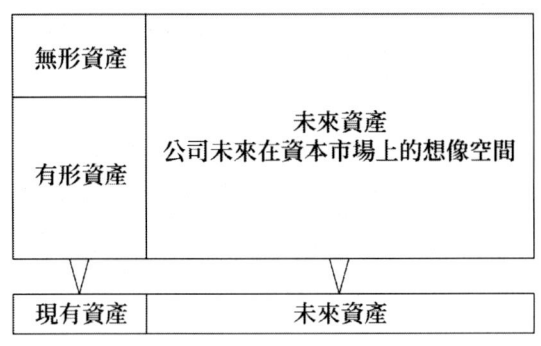

圖 2-1 公司資產新理念

那些對公司未來前景看好的人，可能會以高價購買股權的方式投資公司，從而讓公司的有形資產增加，可未來資產卻無法以會計準則進行事先估量。我們可以把未來資產看作零成本收入，不過在達成交易條件之前，它既不屬於流動資產，也不屬於非流動資產，無法反映在會計科目的帳冊上。也就是說，在交易完成之前，它是虛擬存在的一種可能性資

產,也可以比喻成隱形存在的金礦,在未被發現之前,其價值無可估量。

於是,我們面前擺放著兩種看似矛盾的情況:一種情況是,大多數公司的價值構成不具備股權投資市場的交易屬性,其股權無法成為會計準則計量以外的增值性貨幣資產,這時的未來資產就是虛設的存在,並不具備貨幣價值屬性;另一種情況則集中表現在投行的股權投資事件中,在價值交易的場景下,許多公司的股權可輕易地高溢價轉換為貨幣資產,呈現出明顯的商品屬性,只是定價的標準各有千秋。

當然,由投行主導的股權投資行為,最終的交易指向一定是二級市場(股市)。在這一過程中,股權購買者透過專案公司 IPO 或被併購的方式實現退出,否則股權交易的行為一定是不可永續的。

未來資產的屬性特徵

未來資產從本質上看,可以算是公司的股權價值資產。它以貨幣計量的價格走向,會跟隨著投資人對專案藍圖可能實現的信心強弱波動。

因此,未來資產有著明顯的資本屬性,它具備以下三個基本特徵。

1. 信心是未來資產的重要核心

讓投資人對專案的未來產生信心，是未來資產的必然要素。表達專案「從過去，見證未來」的成長邏輯，是需要以公司發展規律為基礎，站在投資人的視角進行審驗，而不是天馬行空式地自我陶醉。

2. 價值支點，是判斷未來資產的關鍵

投資人信心產生的關鍵，在於專案的核心價值是否可以支撐投資的必然訴求。這些訴求本質上是審驗公司如何實現未來，也可能與專案無關，因為投資有可能在專案以外獲取更大的價值回報。當這種價值回報的想像空間足夠大，大到投資人可以忽略眼前存在的風險，或是可承受顆粒無收的最壞結果時，投資決策就產生了。然而，從傳統價值投資的觀點來看，回歸專案投資的本質，投資人必須根據專案未來可預見的某種經濟價值做出合理判斷，否則專案就不值得投資，因為風險不可控。

不管怎樣，以上兩種價值判斷有著完全不一樣的決策邏輯，但歸根結柢，價值支點是唯一不變的中心要素。無論這個支點支撐的是專案本身的價值還是潛在價值，考驗的都是投資人的投資理念，最終我們可能無法斷判哪一種風險更大。事實也大抵如此。

3. 擁有利潤塔的價值邏輯特徵

利潤塔是衡量未來資產的重要依據，它決定未來資產的價值含量並吸引投資人給出高估值。在這一點上，讀者朋友可能需要仔細讀完本書並認真思考後，才會理解並建立起特徵印象。

未來資產的確定性與不確定性

若從資產清算的審計角度來看，未來資產與現有資產一樣，都有其客觀存在的確定性。這種確定性不僅限於專業的股權投資市場，我們甚至可用新增會計科目來展現未來資產的數值：正值、零或負值。

對於未來資產數值的評判標準，可參照投行對公司價值的評估方式，給出相對公允的估值。這個估值會受一系列因素的影響，包括企業未來的商業潛在空間、現有規模、行業地位、利潤與營收現狀、綜合管理能力、股權投資交易事件、賽道熱度、評估機構的影響力，以及買方的意願度等。與此同時，未來資產的存在還會隨時間、空間、科技進步、社會觀念、消費需求、資本市場，以及經濟發展環境的變化而變化。未來資產擁有一系列極為複雜的變數，我們很難用通行準則計量。

由於影響企業未來發展的變數太多，而且大都具有不確

定性，導致未來資產以一種難以穩定預知的不規則形態存在。這些不確定性如何在會計帳冊中呈現，是一個極大的難題。

因此，我們將未來資產的存在方式局限於股權投資交易市場中，試圖從機構投資的專業化視角出發，以個案交易來呈現股權價值的商品屬性，從而實現簡單定義。當然，這也只是一種對價值概念表達的探索，還須在投資實踐中進一步完善。

2.2 利潤塔是什麼

利潤塔是打造公司未來資產的利器，幫助創業者告別低效創業，重構公司的資本價值。

無解的對望

一家處於成長期的公司是否具有價值，不僅看它當前的規模有多大，或者利潤有多少，還需要判定它的未來資產的成色究竟如何，與公司的成長基因是否相配。

在前文中，我們說到未來資產的存在前提是公司未來在資本市場上有想像空間。同時，我們也知道，未來資產需要具備交易價值，需要投資人對創業團隊實現這個想像空間抱有足夠強的信心。那麼，這種信心從何而來？

通常來自風險投資人（據業內機構統計測算，平均虧損1,500萬美元才能培養出一位相對合格的風險投資人）透過實踐累積出的專業判斷。那麼，問題就來了，對於絕大部分中小企業的創業者來說，由於他們的認知和價值判斷能力相對薄弱，讓他們以風險投資人的視角審視專案，兩者之間就像是隔著陰陽在對望，如果不穿越，基本上可以說相見無望，就算見了也不會有什麼希望。

我們要如何解決這種無奈的對望？

利潤塔的目標

如果一家公司原生的價值邏輯無法與資本市場的價值取向相吻合，那麼該公司在透過資本力量加速商業發展的過程中，可能就會遭遇波折與多重困難。

利潤塔的目標是為公司建構可永續的價值創造體系，透過以終為始的資本價值思考，重構公司的價值運行體系，讓優秀的企業得以藉助資本的力量，實現價值的規模化放大與發展加速，為社會經濟發展做出更大的貢獻。不管外部環境怎麼演變，利潤塔致力於穿透公司價值運行的底層邏輯，以塔式構算的創新理念，為公司提供價值創造的思維構型以及提高獲利效率的策略體系，探索永續性成長的基因構築方法。

第 2 章　利潤塔理論

利潤塔包含四個必然要素組合,如圖 2-2 所示。

- 策略定義
- 能力圈構成
- 利潤主線界定
- 盈利點分布

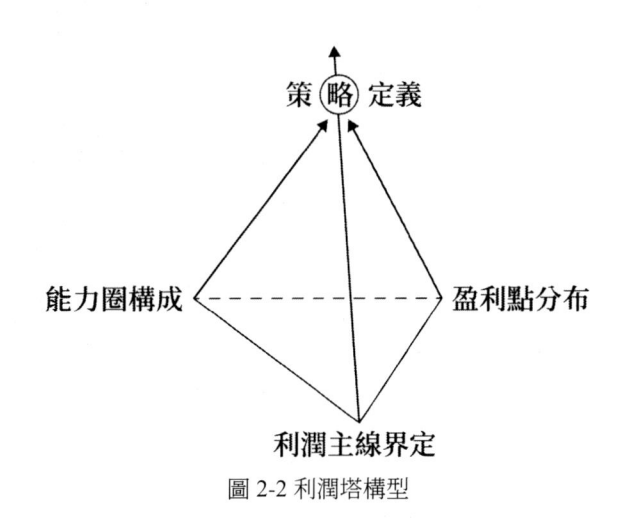

圖 2-2 利潤塔構型

第 3 章　策略定義

3.1　驚人的滲透率

在新的創業時代，機構投資已向各行業全面滲透，成為企業獲得資本市場通行證的主導推動力量。創業者再也無法像過去一樣，透過一己之力或是公司長時間的利潤累積，推動公司實現龐大的商業成就。沒有資本力量的加持，再偉大的夢想者，也要止步於資金不對稱的殘酷現實。

全面滲透

某研究院發表的 2021 年度 IPO 報告顯示，某國企業共計有 613 家在 A 股、港股以及美股成功 IPO，募資總額 8,681 億元。其中，具有 VC ／ PE 背景的上市企業共 421 家，VC ／ PE 機構 IPO 滲透率為 68.68％。科創板的滲透率高達 85.8％，某交易所主板的滲透率為 70.59％。這意味著 VC ／ PE 已經成為該國企業獲得資本市場通行證的主導推動力量。

作為全球風險資本興起最早的國家，美國自 1974 年以來，42％的上市公司是由風險投資支持的。我們耳熟能詳的美國公司，例如英特爾、蘋果、臉書、Google、亞馬遜、推特等都是在風險投資的一路支持下發展起來的。

殘酷的現實

在全球，風險投資對創業公司的強大影響力毋庸置疑，給予被投資的公司一定的資金優勢，進而為其帶來技術、人才、市場等一系列資源，極大提升了創業公司的成功機率，同時也大大縮短了公司上市融資的時間。

在新的創業時代，機構投資已經向各行業全面滲透，成為企業獲得資本市場通行證的主導推動力量。特別是在新經濟產業，由於技術變化週期短，如果沒有資本力量的加持，公司很容易在一、兩年內走向衰亡。

3.2 新經濟趨勢下的價值鏈重構

網路發展催生的新經濟浪潮已成不可遏制的時代主調，技術驅動新經濟發展的澎湃動力一往無前，全球各國都在傾力創新發展之中。

世界秩序重構

每一個時代，都有它明顯的時代特徵。

新冠肺炎疫情開啟了一個新的時代，它的典型特徵是「動盪」。

動盪，是秩序重構的另一種表達。

在世界秩序重構的過程中，以中美兩國為首的政治與經濟的對抗，將從根本上促使商業環境發生重大轉變。從目前的形勢來看，這種轉變帶來的動盪可能將持續相當長的一段時間。

美國凱雷投資集團聯合執行長 Kewsong Lee 曾說：「我一直在關注中美雙邊關係長期惡化的可能性。如果兩個經濟和政治體系之間的結構性差異無法隨著時間的推移而彌合，那麼隨之而來的更新可能會導致中美兩國之間的投資和資金流動受到限制。對資本市場準入、跨境投資和資產所有權等方面的人為限制，可能會減緩經濟成長，並導致重大流動性問題的出現，產生不可預測的市場後果。」

全球供應鏈格局的演變

中國不僅是全球最大的出口國，也是全球供應鏈門類最全的製造國，中國與世界經濟息息相關。供應鏈作為產業鏈的上游，是產業發展的基石，如果失去供應鏈的支持，對應的產業將會走向「無米之炊」的境地。反過來，如果供應鏈受物流及國際原材料供給等相關環節的限制，那麼也將遭受重創。

2020 年上半年，新冠肺炎疫情在中國爆發，導致中國端的部分供應鏈突然中斷。到了下半年，成功控制住了疫情，中國的供應鏈對外貿易出現爆發式成長。

許多國家與企業看到了自己供應鏈的短處與不安全因素，為確保供應鏈的第二管道或是多元化來源，不少國家將會著手建立自己的供應鏈體系，並對供應鏈施加市場以外的影響，逐漸將部分供應鏈遷往其自認為可控的地方，以避免單一管道的不確定風險。

在疫情結束後的幾年，全球供應鏈的多樣化與局部遷移將會成為一種趨勢。供應鏈格局的調整勢必會對相關產業的上、下游帶來持續的震盪。

價值鏈重構的背後

作為世界第二大經濟體，中國現有的經濟體量已超過美國的4分之3。人口紅利的消減，使中國不可能依靠勞動密集型的低端供應鏈長期穩定地發展，中國需要從產業食物鏈的底端向上而行。

高科技與高階製造屬於全球產業價值鏈的頂端，關乎國家未來的策略競爭力。美國根本不希望看到中國在高階領域發展，將中國視為「策略競爭對手」，隨後發起貿易戰，並從政治、軍事、科技等多方面對中國進行掣肘，甚至試圖發起新「冷戰」，至今未有停歇的跡象。這勢必會對全球政治、經濟等各領域帶來越來越深遠的影響。

宏觀層面的經濟動盪，必然波及微觀層面上各領域的創業者。

全球產業發展的新經濟時代

CB Insights 資料顯示，2016-2021 年，全球獨角獸企業從 169 家提升至 771 家，總估值從 0.6 兆美元成長至 2.4 兆美元，並主要分布在金融科技、網路軟體與服務、電子商務、人工智慧和醫療健康行業。其中，美國企業占 54%。

全球獨角獸企業的快速發展，代表了全球風險投資對未來經濟趨勢的價值判斷，也代表了各國政策支持的方向以及全球科技創新投入的重心所在。

由此，我們可以看到，以網路為依託的新經濟，包括以高新技術為基礎的具有時代特徵的新興產業，正引領全球產業經濟快速更新發展。

新經濟趨勢將為傳統行業帶來極大的機遇與挑戰，尤其是在如何吸收、融合數位技術等方面，傳統行業還有很長的一段路要走。

3.3 如何進行策略定義

策略不是憑空而生的，它與我們的感受息息相關。

很多時候，人們看到、聽到或想到的關於企業未來發展前景的資訊，就有可能進入潛意識，在不知不覺間影響人們對公司策略方向的判斷與選擇。這種主觀性的策略會隨著當前經濟形勢的變化而變化，也會隨著人們心態和眼界的變化

而變化。所有這些從本質上說都算是一種偽策略。中小企業普遍缺失真正的策略思維，因而難以長久地生存下去。

真正的策略眼光，需要發現抗週期的經濟發展規律，擁有大企業家的遠見，要穿透 10 年，甚至二、三十年都不變的東西，並以此作為基點，思考公司未來的策略發展大計。

不思考真正的策略問題，先上路再找方向的創業方法，在過去的增量時代裡或許可行，但在現今卻很難成功。

未來決定現在

不思考未來，何談策略。

策略定義是對公司未來 1 年、3 年、5 年的願景描繪，明確公司對未來核心競爭力的定義是什麼。是產品、技術、團隊、客戶，還是其他具有先進性的優勢力量？

在過去野蠻生長的時代，無須考慮策略，先上快做才是硬道理。然而，當經濟紅利耗盡之後，這種急於求成的發展調性，就會成為公司發展的最大陷阱。尤其在當前社會經濟正在向高品質發展轉型之際，策略清晰要比單純的戰術勤奮重要得多。

快與慢

關於策略其實還有一種論調，即說慢其實就是快。

這與公司所處的行業、發展階段，以及組織文化有關，

更與公司的能力圈呈正相關。

有的公司所處的賽道需要快，你慢了，死亡的機率就會成倍地增加，由於產業慣性形成的成長窗口期可能只有短短的 9～12 個月，你想慢都不行。

可對於身處傳統行業而需要轉型的公司，求快不一定好。

傳統公司通常處在一個成熟的產業鏈之中，想要改變長時間累積下來的產業傳統習慣，肯定不是在短時間內能夠實現的。傳統公司必須看清未來的趨勢，順著大勢布局，方有成事的可能。

對於處在策略轉折期的公司，快也不一定是最好的選項，反而需要仔細觀察、思索與測驗，探明正確的策略方向後，再在戰術上實行快的策略，否則盲目求快或者求慢，後果都是致命的。

作為公司的領導者，一定要先看清行業未來大勢，從過去的經驗中覆盤，推演未來的可能方式，看得足夠遠，再回到當下，盤點自己的能力範圍，找到行動的起點，沿著既定的策略方向一往無前地走下去，而不是一味地求快或是求慢。

中小企業要不要策略

但凡能稱為規律的東西，一定是可以全面去除辨識性的個體因素，不糾纏於個性化案例，不犯經驗主義的錯誤，就如同重力定律不可被證偽一樣。若是經驗性言論，幾乎都可以被證偽，這是人們在學習過程中需要注意的地方。

創業者要保留懷疑精神，不要全盤接受所謂專家的觀點，應保持獨立思考的習慣，結合企業的實際狀況確定公司的策略定義。對於「利潤塔」的理論與觀點，創業者也應保持懷疑與批判的精神去閱讀或是應用。

總之，無論你的策略源頭來自哪裡，哪怕是虛無飄渺的空想也未嘗不可，重要的是明確市場需求是否真實存在，產業的方向在哪裡，公司有沒有足夠的能力圈與資源可以搭配，公司的力量是不是聚焦在正確的地方，支持你走下去的「彈藥」儲備充足不充足。

否則，無法延續的策略不能被稱為策略。

3.4 賭性堅強

「賭性堅強」裡的「賭」，賭的是心力。人們要集中心力辨別未來的趨勢與產業方向，一旦策略決斷形成了，就應該不惜代價堅定地走下去。不管怎樣的艱險，都無法阻擋那顆「一賭到底」的堅強內心。

我要 All in

「All in」通常是一種撲克遊戲的術語,意為全部押進。

「All in」一詞曾經很紅,不少網路創業者為表現自己的血性以及必勝的信念,頻頻以 All in 宣誓決心。除此之外,還出現過不少諸如「不能 All in 的人千萬不要去創業」之類的說法。

從某種意義上說,「All in」一詞是為策略而生的。

創業者如果不是看清了未來的發展趨勢,並有把握贏得未來,誰又會真正 All in 呢?且不說那些激進、盲目或口號式的 All in,大多數中小企業從一開始就別無選擇地 All in 在某個創意或產品上,這是一種創業本能。

經研究,我們發現各國知名的商業贏家,基本上都是 All in 的高手。例如,亞馬遜 All in 線上售書等。還有策略轉型後的 All in,如巴菲特 All in 價值投資等。

那麼,我們應該在什麼時候 All in 什麼呢?

賭性堅強

賭桌上的 All in 與創業中的 All in,兩者有本質上的區別。

賭桌上的 All in 賭的是機率與運氣。

創業中的 All in,賭的是未來,賭的是如何在確定性判斷

的前提下，集中所有的力量，快速獲得決定性競爭優勢，這考驗的是策略性眼光。

有一則趣事稱，某位著名企業家的辦公室裡掛著四個字：賭性堅強。這位企業家說：「光拚是不夠的，那是體力工作，賭才是腦力工作。」

印象中，放眼全球，很少聽說有把「賭」字堂而皇之地掛在辦公室裡的企業家。

某公司的賭性是真的堅強，從 2011 年成立到 2018 年上市，當天市值為 786 億元，之後僅僅不到 3 年的時間，其公司市值就超過兆元，排名 A 股市值前五位，創造了上市公司市值成長的新歷史。

風險在哪裡

傳統的認知裡，凡賭皆有風險。

在明確公司的策略方向以後，領導者就要考慮是否 All in 的問題。此時，風險這個因素就會自動跳出來，考驗你的賭性是否夠堅強。

高手會在自己的能力圈內下注，賭的是理性思考與決斷能力，而一般人則憑直覺和運氣行動。

當然，總有人會賭贏方向，也總有人賭輸了未來。在塵埃落定之前，所有人都在興沖沖地向前奔跑著。據統計，中

小企業的平均壽命僅 2.9 年，90％以上的中小企業在成立 5 年後會發現自己賭輸了。

　　只不過，世上的事大都別無選擇，人們只能選擇究竟要踏上哪一條路，而創業從來都是凶多吉少的那一條路。

第 4 章　能力圈構成

4.1　邊界

每個人都有自己的能力邊界。

在沒有導航的情況下，開車走一條自己熟悉的路，就是在自己的能力邊界內做事；而選擇走一條陌生的路，就有可能超出了自己的能力邊界。雖然開車在能力邊界內，但對於路的熟悉度卻超出了邊界，導致未來的不確定性變大，創業的不可預見性也隨之變大。聰明的投資機構基本上不會投自己陌生的領域，同時也會要求創業者對自己所從事的行業要有足夠的從業經驗以及足夠深度的理解，否則投資失敗的機率就會大幅上升。

2020 年，名列《財星》全球最受讚賞公司榜單第五位的波克夏・海瑟威公司，其創始人華倫・巴菲特（Warren Buffett）與查理・蒙格（Charlie Munger）一致推崇「能力圈」理念，並把它歸結為公司成功的核心理念之一。巴菲特談到，對你的能力圈來說，最重要的不是它的大小，而是如何確定它的邊界所在。如果你清楚了能力圈的邊界所在，你將比那些能力圈雖然比你大 5 倍卻不知道邊界所在的人要富有得

多。查理·蒙格認為，了解自己的能力邊界，在邊界內做事，就能比別人更有優勢。如果你不清楚自己在做的事情是否在自己的能力範圍內，那麼你已經出界了。兩位創始人一致認為，波克夏·海瑟威公司累積了數千億美元的財富，其中大部分是由 10 個最好的機會帶來的。巴菲特說，如果資本市場的主板中有幾千家上市公司，你的能力圈只涵蓋其中的 30 家，那麼只要你清楚是哪 30 家就可以了。換言之，人應專注於「把手上的牌打好」，而不是寄希望於獲得能力圈之外的運氣。

雖然，投資與創業在行為屬性上有所不同，但其底層邏輯卻是相通的。兩者的區別在於：投資行為的能力圈強調的是當前的確定性邏輯，即對目標公司的投資價值做出預見性判斷的思考能力，這種能力來自系統性的理論思考以及對投資成敗經驗的總結；而創業行為的能力圈的重點則在於立足當下面向未來的可擴展能力。公司只有基於當下的能力圈，面向未來建構永續性成長的價值創造能力，吸引更優秀的團隊成員共同成長，才能實現最初所設計的商業藍圖。

策略定義與能力圈

在利潤塔的四個必然要素中，能力圈構成是重中之重。

策略定義必須依存於公司的能力圈構成，若策略定義與能力圈分離，公司就沒有足夠的能力支撐策略目標的實現，

容易陷入停滯狀態，難以進一步發展壯大，或是迷失方向，陷入經營分裂之中。

策略定義處在利潤塔的塔尖位置，指明了公司發展的方向及願景。公司的策略定義要以當前的能力圈構成為起點，並對能力圈的未來成長提出方向性的要求，否則策略定義就成了空中樓閣，脫離了實際。

4.2 能力圈構成

對於能力圈的釋義有多種，在這裡我們基於利潤塔的理論體系，嘗試賦予其一個可定性的主體力量組成定義。整體而言，一個公司的能力圈大小由創始人及每一位團隊成員的個人能力與組織效能所決定，它的邊界由認知、設計、參與者、行動力和資源等五大力量組成，如圖 4-1 所示。

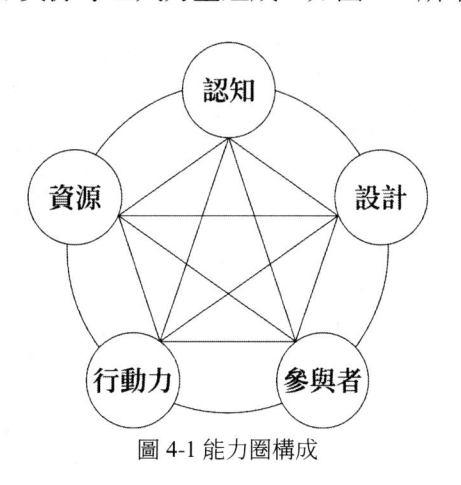

圖 4-1 能力圈構成

認知力量，決定成就高度的邊界

公司創始人的認知，決定了一家公司成就的天花板。

認知是一個無限廣泛的概念。每個人窮盡一生所學，對整個世界的認識也不過是滄海一粟。在創業的過程中，並不是知道得越多，學歷程度越高，創業成功的機率就越大。如果人們的認知與創業的規律不相符，那麼知道得多，對創業成功反而是一種障礙。

正確的認知是創業成功的前提，這需要創業者在學習的過程中，不斷思考、甄別並吸收真正有用的知識，將其應用到自己的創業行動中，而不是全盤接收別人的觀點。俗話說：「人賺不到認知以外的錢。」這裡的認知，也應當是指正確有效的專業認知，而不是泛泛而談的知識。

創業者的正確認知需要聚焦在兩個方面：一方面，行業專家型認知，對自己所在的行業有深度的理解，對行業現狀與趨勢走向瞭如指掌，清楚自己當前的處境和發展能力的邊界所在；另一方面，對經營系統的實戰及理論體系的認知，即對不同發展階段的創業公司如何獲取成功及如何避免失敗有系統性的專業認知，而非碎片化的點狀認知，絕大部分創業者都敗在了這一方面的無知上。人無須把時間花費在非必要的認知上，而是需要有選擇地不斷鞏固和擴大自己的能力圈。

第 4 章 能力圈構成

在本書中,我們專注於建構後一個方面的認知,以「利潤塔」實踐系統理論,幫助創業者建立起屬於自己的熟悉路徑,避免把車子開到陌生的那條路上,從而提高創業的成功率。

設計力量,決定價值潛力的邊界公司如何規劃自己的未來?如何設計自己的運行體系去實現未來?

每個人都是自己的建築師。創業者就是公司的建築師,「萬丈高樓平地起」,在相同的基礎條件下,設計能力決定公司價值潛力的大小。

公司能力圈構成中的設計力量,必須以「企業價值規律」為中心,以「商業價值」與「資本價值」為兩個基本點,涵蓋公司架構、頂層設計、底層設計、商業模式與盈利模式設計,以及公司治理結構設計等,根據經營實戰及系統性理論認知,設計公司未來價值的線性成長空間。

商業價值需要面向產業的未來,立足公司內外的價值鏈執行環節進行設計。對內,業務能力為價值創造的前提,涉及公司的產品、策略、服務、營業收入、利潤(淨利潤與毛利潤),以及現金流管理等內在價值鏈環節;對外,需要洞悉產業的未來趨勢,整理產業鏈上、下游的價值核心環節,以公司內在的價值創造能力為前提,設計高價值成長空間的可能性。

商業價值與資本價值是一個前後承遞的聯動關係。如果商業價值不成立，資本價值就會成為無源之水，不可永續。許多專案公司過分強調以資本價值為先的經營行為，這必定會產生價值迷失現象，比如估值倒掛、上市公司破發事件的產生。

所以，設計能力必須遵循公司價值創造的商業底層邏輯，特別是在當前的新資本趨勢下，這一點顯得尤為重要。

參與者力量，決定組織管理能力的邊界

一家專案公司的參與者包括同行者、資源連結者、資本方，以及利益相關者等。他們可分為緊密型參與者和非緊密型參與者。一個公司的價值創造活動主要依賴緊密型參與者。所有參與者的構成品質及參與積極度，在某種意義上對公司未來有正相關的推動價值，可以為公司帶來更多的機會和更好的氣運。

緊密型參與者主要是同行者，包括創始人、股東、合夥人等公司的創始團隊，以及部分直接利益相關者。

非緊密型參與者則包括：

資源連結者：連結政府及政策性資源、策略性資源、資本資源、產業資源、銷售管道資源，以及公司發展所需要的關鍵資源等。

資本方：創始合夥股東、財務投資者、FA（財務顧問）、股權投資機構（VC、PE、CVC及DVC等）、債權融資方、與資本市場相關的投行中介及資本輔導機構等。

利益相關者：投資人、債權人、公司的核心骨幹成員、產業鏈上下游合作廠商、專家顧問團隊、技術研發人員及實驗室、政府及社團組織、潛在的投資人，以及創始股東的社會關係等。

行動力，決定公司價值的邊界

「紙上得來終覺淺，絕知此事要躬行。」公司的行動力強弱取決於組織管理能力的強弱，其核心由目標管理、流程和組織文化構成。

一家公司長期可傳承的行動力基因，源於創始人及創始團隊強大的創業精神與實現自我價值的內在驅動力。公司經過長年的沉澱，逐漸形成具有自身獨特價值的組織文化及企業文化，不斷融合參與者的集體智慧與資源，以訓練有素的團隊行為完成高效的價值創造流程，從而實現關鍵里程碑的突破及既定的策略目標。

行動力是對認知的投射，僅憑思想上的高度，還不足以成就一家偉大的公司，投資人更看重的是實現偉大夢想的行動力。

資源力量，決定持續成長的邊界

資源不是簡單的社會關係的陳列，而是公司價值的放大器。透過連結利益相關者的社會關係圈層，提前為公司的策略落地準備相應的優勢資源，助力公司核心價值的持續成長。

4.3 頂層設計和底層設計

公司的頂層設計要以經濟價值的創造與分配為根本指導準則。自上而下，立足永續性發展的大局觀，解決「看得遠、看得見」的系統性問題，實現公司的願景與使命。

頂層設計

頂層設計的前提是系統性認知。這種認知必須擁有四度空間：創業實踐的深度、視野的寬度、理論的高度，以及思維的厚度。

頂層設計是指對主體結構和主要模式的設計，其原本是一個系統工程學的概念，如今被廣泛引用到商界，成為熱門的企業諮詢類目。

前文中，我們說到公司的屬性是營利性組織，是以貨幣計量的經濟資源的所有者。所有公司的經營結果，最終是要反映到以貨幣計量的經濟資源上。公司成員是以收入目標為

原始驅動力的經濟個體。

頂層設計要遵循由內而外的次序,從以下兩個維度進行設計。

1. 內生性維度的頂層設計

內生性是公司組織在運行過程中必然形成的內在影響因素,對公司的長期永續性發展發揮主要決定作用。

內生性的頂層設計因素有三個:價值創造、利益分配與永續性。

首先,價值創造。

誰是真正的價值創造者?這個問題是創業的首要問題。回答完這個問題,才算是真正意義上的創業開始,而且不同的公司會有不同的答案。某公司曾提出「以**奮鬥**者為本」的公開答案。大部分公司是依靠刺蝟型員工支撐起來的,公司要想快速發展,變得更加強大,鷹型員工的比重會發揮決定性的作用。

其次,利益分配。

我們要如何分配利益?利益分配有短期和中長期兩種。短期分配是指對薪資、福利與獎勵收入等滿足勞動報酬的常規性收入進行分配;中長期分配通常指股權、期權與分紅權等與公司整體經濟價值相關聯的收益分配。短期的利益分配產生短期行為,中長期的利益分配產生忠實的追隨者。不同

公司在不同階段要根據實際情況實施不同的利益分配方案。

實踐證明,中長期分配可有效鎖定公司真正的價值創造者,對公司發展潛力的促進作用是驚人的,尤其是在資本力量的加持下效用更為顯著。比較典型的案例如下。

(A) 古代晉商。從300多年前的晉商成為當時國內勢力最為雄厚商幫的軌跡透視出,這一過程與其創立的東夥合作制(資本+專業經理人)及頂身股制度(管理層持股)等先進的分配制度是密不可分的。

(B) 現代企業。華為公司從籍籍無名到全球領先,僅用了二十多年的時間,可以說,華為全員持股分配機制發揮了決定性作用;阿里巴巴由18名聯合創始人一起投資參股並共同創業,透過中國式合夥人制度,牢牢掌控董事會,借用資本力量,在不到二十年的時間裡,躋身全球上市公司市值前十名。

(C) 海外企業。美國高盛銀行不斷最佳化合夥人競選與公司分紅制度,歷經一百多年的風雨逐漸壯大,成為全球投行的翹楚。

可以說,中長期分配機制的作用穿透了古今中外的商業史,包括全球證券交易所裡上市公司的期權制度,也是公司中長期分配機制催生的產物,如今其還在源源不斷地創造著新的奇蹟。

最後，永續性。

它包括公司的使命願景，價值創造的永續性與利益分配的永續性。

使命是燈塔，照亮了公司未來發展的方向；願景則是公司成員共同奮鬥的目標；以使命與願景為基礎建立公司價值觀。三者共同為公司可永續成長的組織文化奠定根基，是其價值創造賴以生存的土壤。

通常情況下，只有當長期的利益分配機制出現，且這種機制具有相對公平的有效性時，公司價值創造的原動力才會持續不斷地爆發。不過，提供遠超平均水準的短期利益也會在一定程度上激發價值創造的持續性。

2. 外生性維度的頂層設計

外生性是公司組織在運行過程中，必然與外部綜合環境互動而形成的外在影響因素，對公司的長期永續性發展產生次要決定作用。

外生性維度的頂層設計考量因素較多，其中最重要的有：產業發展定位、資源競爭、政府關係與社會責任。

外生性維度的頂層設計需要憑藉公司內在的經營實力，根據創業者的策略野心來設計公司的商業模式與整體發展路線。在這個過程中，公司須隨外界環境與條件的變化，進行動態的策略調整與再設計，解決商業化運行的過程中可能會

影響公司發展的突出矛盾和問題,並提前進行風險防禦。例如,2000 年美國網路泡沫時期,阿里巴巴決策層進行壯士斷腕式策略收縮,把分布全球的五大戰場收回至杭州,重新調整公司的頂層設計,避免了關門的危機。

這裡所說的外界環境與條件因素包括影響公司發展的國際、本國政治經濟大環境,投資與資本市場環境,社會資源環境,市場競爭環境,產業供應鏈與價值鏈重要環節,以及使用者行為變遷等。

由於外部環境的複雜性,靜態的理論化頂層設計是不可行的,只會讓公司成為一個理想的孤島,陷入故步自封的危險境地。

底層設計的邏輯

假設公司價值創造用 X^n 表示,頂層設計為指數 n,底層設計為基數 X。若基數不夠大,則指數 n 再大也無用,頂層設計就會淪為空談。因此,沒有可靠的底層設計,頂層設計充其量只是一個空中樓閣。

底層設計自下而上,其使命只有一個,就是解決「走得到」的問題。良好的底層設計,可以自下而上地解決公司的成長性問題,自然融入頂層設計的永續性發展藍圖之中,為公司帶來生生不息的原動力。

公司的底層設計聚焦於業務邏輯的極簡設計，以可規模化複製為最終的驗收基準，反向設計最優範本的經營單元，打造標準化單體盈利模範，建構永續性的業務成長模型。

我們來簡明地解釋一下，圖 4-2 關於底層設計的互動邏輯中所表達的三層意思如下。

(A) 從公司的產品開始，經歷中間的流程環節，最終與使用者親密接觸。

(B) 公司的基層員工，沿著流程的指引，創造公司想要的業績結果。公司想要的業績結果無非是短期業績數字，還有長期的成長性。這些是所有公司都想要的結果。

(C) 基層員工與使用者，經由流程的黏合，形成了類似聯盟的關係。

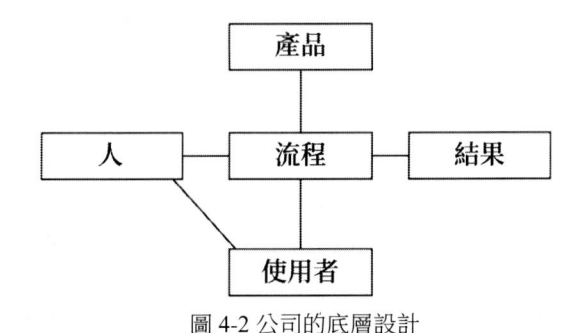

圖 4-2 公司的底層設計

在底層設計中，流程處於核心位置，就像哈利·波特手中的魔法棒一樣，哪個創業者不想要？

PART2　利潤塔體系

那麼，究竟怎樣的流程可實現「開外掛」的結果？

想讓公司的基層員工有可能達成「自下而上地解決公司的成長性問題」這個目標，流程就必須具備兩個必要前提：

第一，設計方向的正確性。這需要利潤塔體系的完整性，確保公司走在正確的方向上，只要耐心等待時間給出的答案就可以了。

第二，基層員工持續的自發性。只有全體基層員工發自內心地在一線努力奮鬥，不懈地進行價值創造，與使用者形成類似聯盟的關係，公司業績實現永續性成長才是指日可待的。

這裡的流程與工作流程的概念不同，工作流程只是員工行為的有形參照，而在此之前還必須擁有一套指引公司策略層在制定這些規則時的思考流程。

底層設計中的流程可圍繞「思考流程」和「行為流程」進行設計。

思考流程可參見後文中的相關介紹，這裡先重點介紹一下行為流程。

行為流程

思考的落地要靠行為。

行為流程是指如何激發自發性的價值創造行為。

第 4 章　能力圈構成

　　底層設計中的行為流程，其出發點是行為的自發性，沒有自發性的組織就如同一潭死水。在「人──流程──使用者」的流程結構中，要如何實現員工與使用者角色之間融洽的互動關係，從而創造出卓越的業績結果呢？

　　員工與使用者要形成類似聯盟的關係，首先要確立「使用者利益第一」的信仰，傾注公司的一切力量維護這一行為準則。比如，海底撈的消費者文化，透過看似違反常態的一線員工所提供的「無底線」服務，牢牢吸引目標使用者習慣性地光顧，最終培養出穩定的消費路徑依賴，實現業績的永續性成長。當然，這樣的關係結果中存在兩個必要的前提：一是產品的強需求屬性；二是底層員工的自發性。前提不具備，行為流程也必然中斷。

　　那麼，底層員工的行為自發性到底源自哪裡？

　　我們從以下三點分析：一是情感，二是收入預期管理，三是訓練有素的組織文化。

　　從情感上講，自發性的源頭在於歸屬感。

　　正常情況下，每個人都會自願自發地為家人做任何事而不會事先考慮經濟回報的問題。然而，公司是營利性組織，所有成員的加入是以獲得經濟回報為目的的，兩者之間的行為邏輯剛好相反。因而，能否讓員工對公司產生親人般的信任與家庭般的歸屬感，將決定員工是否會建立起自發性行為。

所有情感的建立都離不開人，基層員工與公司之間的直觀情感是寄託在部門層領導及公司內的利益相關者身上的，其源頭是與公司高層及創始人所施行的中長期分配機制和公司的制度保證，以及企業文化連脈同枝。由此，基層員工的歸屬感產生是一個由高到低施信與由低到高取信的並行過程。

　　由高到低的施信，是指公司管理層透過對人的尊重、工作授權與收入分配等方式不斷施信於基層員工；由低到高的取信，則是指基層員工透過工作熱情、投入度與能力不斷提升來獲取管理層更多的信任。這是一個雙向循環的過程，經過一段時間的沉澱，當雙方的信任越過臨界值時，員工在情感上就會建立起對公司的歸屬感。

　　有了一定的歸屬感，員工的工作意願度就會大幅提升，行為的自發性就會油然而生。擁有足夠意願度的員工，可以每天加班，身心全部投入工作當中，讓管理者實現無為而治。

　　透過取信與施信的雙向循環，公司可以把目標對象培養成一個訓練有素的可靠員工。

　　在員工對公司逐漸產生歸屬感的過程中，還要讓員工建立起對公司未來發展的信心以及對自己能力成長的預期，幫助其逐步實現收入階梯式成長，否則單純依靠情感所建立的

自發性是無法長期延續下去的。

每一位員工都會有自己的收入預期,這種預期包括當前的收入,可預見的下一階段收入,以及未來的收入。收入預期管理其實就是個人價值創造能力與公司制度之間相互成就的展現。簡單來說,就是一個能力驗收與收入驗證的雙驗過程。

首先,從個人能力提升的角度來說,幫助員工適應當前的職位,合理規劃下一階段的目標,以及對未來的期望,建立人才培養體系,推動員工的工作能力登上更高的階梯以實現更上一層的收入預期;其次,從員工關係的角度來說,公司要營造令人愉悅的人際關係氛圍,包括上、下級及周邊協同關係,排除不必要的情緒干擾影響;最後,從公司制度保證的角度來說,透過一系列的制度建設,讓員工可集中力量進行價值創造活動,避免內耗,關鍵是確保承諾兌現的制度保證力量,由此建立起員工對公司價值創造與回報的制度信任。如此,可以讓在一線戰鬥的基層員工沒有後顧之憂,形成自發向前的行為文化。

整體而言,了解員工對現在及未來的收入預期,透過培養、訓練提升員工的工作能力,用制度保證其可預見的收入得以兌現。兌現的形式有多種,可以是榮譽、現金、獎勵、期權、股權與某種可信的承諾回報及其系列組合等。在能力

驗收與收入驗證的過程中，不斷強化榜樣的示範力量，讓員工對公司及自己所預期的可實現的未來充滿信心。在這種場景下，員工的熱情會被點燃，自我驅動力也會爆發出來。

從組織發展的角度來看，自發性必須依靠訓練有素的組織文化才能持久。

公司早期的企業文化，有著創業者個人行事風格的烙印。當公司人數超過 50 人時，體系內的部門層會相對固定下來。這時，公司的組織文化開始逐漸形成，並且具有了一定的傳承性。這種傳承性會在公司招募員工時有所展現。

初創時期的組織工作流程，多數是以前端的事（業）務驅動人，傳遞被動性的工作任務；到了業務相對穩定的時期，工作的主動性、規畫性與系統性的線條逐漸顯現，這時候區分普通公司與優秀公司的關鍵，就在於組織文化中是否包括訓練有素。

訓練有素的組織文化雖有助於快速實現公司的策略意圖，但要實現「訓練有素」這四個字，卻是一個龐大的長期的挑戰。

「訓練有素」有三層含義：訓練有素的人、訓練有素的思想、訓練有素的行為。

首先，訓練有素的人。

公司對「誰是真正的價值創造者」要有清晰的畫像，同

第 4 章　能力圈構成

一公司對於策略層、部門層與執行層（功能層）會有不同的定義，也會有不同的標準，關鍵是如何聚攏符合標準的一群人，構成組織班底，這決定了組織文化的走向。不同的人在進入公司之前都天生帶有自己的個性、經驗與行事風格，要基於公司的策略系統建構出不同層面的職位認知與實踐，讓不同的人才進行有效的自我激勵與改造，實現適才適所的目標。

其次，訓練有素的思想。

它是由公司經營的價值觀決定的。其中，最核心的問題是，當公司形勢慘淡時，如何面對殘酷的現實？不同的公司在創業過程中，遲早都會面對「成功能持續多久」的疑問。《從 A 到 A+》（*Good to Great*）一書中提到了「史托克戴爾悖論」，其中強調了兩點：一方面，平靜地接受殘酷的現實，集中精力繼續奮鬥；另一方面，堅持你一定會成功的信念。

最後，訓練有素的行為。

對於中小企業來說，聚焦永遠是創業者需要不斷訓練的正確行為。大多數前期發展勢頭良好的公司，最終都敗在業務線盲目擴張的路上。創業公司要遵循「先存活，再升級」的實用主義行為文化。在創業初期，訓練有素的行為莫過於樹立起「使用者利益第一」的信仰，專注於核心業務的行動力，訓練一線的基層員工為使用者提供良好的產品與超越標準的服務能力，從情感、收入與個人成長等多方面激發他們工作的自發性與能動性。

要堅守公司策略定義指導下的業務行動流程,建立起有序、高效的業務管理體系,形成良好的工作行為習慣。

4.4 同行者

創業合夥人是公司的命脈,無論是「青銅」還是「王者」,自擺兵布陣時起,就奠定了公司成敗的基調。如果沒有征服聖母峰的野心,一個普通的創業者連抵達山腳的想法都不會出現,更何況冒著丟掉身家性命的危險前去攀登呢?

PASS 哪家公司?

俗話說:「狼行千里吃肉,狗行千里吃屎。」

創業公司如果從一開始就沒有一點狼性,注定很難成功。尤其是在當前紅利衰竭的下半場創業,一家公司如果連 All in 的勇氣都沒有,又如何能夠賭贏未來呢?

投資人不會犯傻,除非另有目的。

狹路相逢勇者勝。在投資人眼中,首先看到的永遠是那些肯為未來拚命的創業者。

合夥路上的考驗

特種部隊在執行任務時,經常要挑選同行者,因為同行者在相當程度上會影響其他人的生死。

第 4 章　能力圈構成

創業同樣如此。

在創業的過程中，牢固的背靠背關係是一種長期考驗。因此，創業搭檔的選擇至關重要。合夥創業考驗的是掌舵者的胸懷、智慧和手腕。創業初始階段，也許可以「飢不擇食」地找人，一旦業務上了臺階，創始人就要站在更高的維度從更深層著手考慮體系的長治久安問題。

不同的出身、背景、學歷，不同的個人經歷與從業經驗，不同的性格等因素，都會造成合夥人之間對同一事物的判斷、對既得利益的考量、對未來的追求不一致。

在公司運作過程中，不可避免地會因資訊不對稱，邏輯思維水準、個人優勢以及付出意願的不同等問題，導致每個人對策略的理解不同步，在公司用人和經營理念上不吻合，對經營風險的判斷存在差異，對資本運作的接受程度不統一，還有合夥人在不同發展階段對個人利益得失的滿足度不一樣，對自己的貢獻與回報的公平性認定不盡相同，隨時間推移對工作保持投入度或熱情消退的狀態變化存在差別……

無數的不同會消融創業者的初衷，就像那些只看到對方優點而結婚，卻因無法忍受對方缺點而離婚的人一樣。假如你是公司的領頭人，在遇到上述這些「不同」時又會如何處理呢？是和稀泥拖著走，還是以一敵十以武開道？當專案進展得不順利或者大家都感覺「分贓」不均的時候，你又該如何鼓舞士氣？

說到底還是要看領頭人的修為。

創始人標籤

每個人都是被上帝咬過一口的蘋果。

沒有人是萬能的，都有自己的缺點，也都需要別人的輔助與輔佐。如何讓不同的合夥人發揮最大價值，形成優勢互補，並且在任何環境下都能達成共識，共同開創豐功偉業，這是創始人必須掌握的「必殺技」。

一個成功的創業者不但要「知己」更要「知彼」，除了要知道自己的長處與短處外，更要了解合夥人的能力和專長是什麼、缺陷在哪裡，否則在磨合過程中，出現意外的機率會很高。合夥人很大可能會變成拆夥人。通常情況，被投資人看好的創業搭檔，至少需要有3年以上的共事經歷，不過這一點也不是絕對的。

作為一個創業者，一定要有足夠的胸襟與擔當，包括承受被人誤解的委屈，犧牲個人利益而不過分計較，自覺貢獻價值，主動承擔責任，積極與人溝通，先人後己等，以確保公司發展的大局平穩。

在工作技能方面，公司每一位創始人身上都貼著典型的技能標籤（見圖4-3），它在最大程度上展現出一個團隊的主導屬性。身上貼著不同技能標籤的人，其慣性思維及關注問題的角度與傾向性會有很大的差別，技術、市場與生產等不同領域出身的人，會有很不一樣的思考方式與行事風格，當

面對爭議問題時，他們很難在同一個維度上進行探討。如果不能深度理解這種差異性，並且用對方聽得懂的語言進行溝通，則很容易產生並累積負面情緒，時間久了便會影響工作意願、效率與協同性。這是創始人在面對合夥人時需要掌握的相處之道，也是合夥人之間通常需要 3 年以上親密共事的原因，它可以省去大量的溝通成本，降低嚴重衝突的風險。

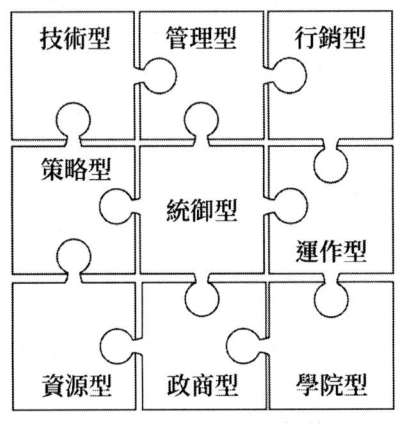

圖 4-3 創始人的典型標籤

創始人的標籤屬性，在某種程度上決定了公司成敗的定數。沒有必然成功的類型，只有相互搭配的更好組合。

創始人是否「知道自己不知道」，並且能清醒地意識到「如何保持能力互補且工作關係相配的核心隊形」是決定創業成功的關鍵。為此，創始人必須從全局出發，包容不同背景的團隊協同作戰，隨時站在他人的角度看待問題，理解他人

所處的層面與立場,團結一切可以團結的力量,共同實現創業理想。最悲慘的是創始人在「不知道自己不知道」的情形下指揮戰鬥。

所以,創始人要理解自身及合夥人身上的標籤及其定義,妥善處理與金錢相關的利益事項並安排好公司的分配機制,始終保持對合夥人的尊重,才能凝聚同行者的力量。

理想的團隊構成

有過一、兩次失敗經歷的創業者都知道共同創始人的重要性。

據統計,擁有 2～3 位共同創始人的公司,成功機率平均是其他人數的 3 倍以上。1 人孤掌難鳴,但人數超過 3 人後,合夥人之間的溝通成本會增加,保持行動的一致性也就更加困難,成功的難度也會大幅上升。

公司早期的團隊成員構成,將決定創業的成敗。理想的團隊構成至少需要 3 種人:

一是指路人。

指路人具有策略遠見,可以穿透公司的未來,並且善於整合資源。指路人視野開闊,對市場敏感度高,對於產業及經濟趨勢有清晰的認知,能為團隊指明正確方向。

公司的創始人或創始團隊中必須要有這一類型的人，當然公司也可從外部聘請創業經驗豐富的行業專家以及資本輔導顧問等，為公司的整體治理架構、產業發展趨勢及公司的資本路徑設計等提供方向性的指導意見。

二是開路人。

開路人善於將設想或遠見變成現實，能夠讓公司的策略設想透過產品、技術或行動計畫落實。根據當前的形勢，判斷實施設想可能存在的障礙並採取有效的應對策略，然後「逢山開路，遇水架橋」，迅速解決實際落實過程中出現的諸多問題，交出一份合格的答卷。當遇到難以解決的障礙性問題時，開路人可以充當救火隊隊長，承擔起保駕護航的責任。

三是趕路人。

趕路人善於高效執行，策略定義的方向一旦出錯，就容易南轅北轍，因而需要有指路型的人帶領。

在確定可行的測試結果後，趕路人能夠高效地組織人員行動，快速推進工作計畫的實施，不斷獲得超出預期的結果。特別是公司的行銷體系中，趕路人是不可或缺的。

該類型的群體基本上是訓練有素的職業化團隊，由管理合夥人帶領高階主管、部門層及執行層的員工構成。

4.5 玩法

創業是一項集體闖關遊戲。一家公司在成長的過程中，會有無窮無盡需要處理的事務，也會遭遇各式各樣的挑戰，如同遊戲場景中的各種關卡，不同的關卡有不同的遊戲背景與規則，要用到完全不同的技能才能順利過關，否則就會被卡住，遭受不同程度的損失，甚至是拖慢公司的發展速度，形成不安定的因素。

對內方面，公司的每一個部門就是一個小關卡。例如，人力資源部、財務部與市場部等不同部門，其職能、工作要求、指導準則、管理及考核方式都是不一樣的。這也導致員工的思考角度、出發點與行動方式等大不相同，再加上員工所處的職位層級、年資、性格、眼界及利益訴求等多方面的影響，在面對公司問題時，難免各有各的小算盤。要讓這些小關卡結成一股繩，齊心協力推進公司的策略步伐，就需要公司合夥人同步擴大認知邊界，共同提升公司的設計與治理水準，實現集體通關。

對外方面，公司所面臨的關卡要複雜很多，包括政商、媒體與法律、公共關係等。關卡的難度等級會隨著公司發展規模的擴大而上升，規避外在風險並學會與不同階層、身分背景的人打交道，是公司創始人通關的必備技能，否則很容易止步當前，甚至折戟沉沙。

價值最大化

不同賽道的商業背景是不一樣的，競爭對手也不一樣。不同專案公司選擇的價值實現路徑不一樣，所面對的遊戲規則也大不相同。創業者所能選擇的玩法，歸根結柢依賴於公司的能力圈構成。

當公司有能力玩好內、外兩個遊戲關卡後，一個必然的追求就是如何實現公司價值的最大化。

一般來說，公司的價值就是公司賺錢的能力，透過自身累積的利潤滾動投入，進而擴大經營規模，再逐步提高利潤獲取能力，從利潤留成上實現公司價值的最大化。然而，綜觀全球，沒有哪一家大型公司是靠自身利潤的累積發展起來的，他們無不在關鍵時期藉助資本的力量推動公司實現跨越式發展，最終才能站在峰頂之上。

從長期發展來看，公司價值要實現最大化，僅憑利潤的累積是遠遠不夠的，最終必然走向資本市場。這就要求公司必須具備創造未來資產的能力，可透過公司股權融資以及其他多種融資方式獲取利潤以外的資金，推動公司快速發展壯大。因而，公司在經營過程中，需要響應未來上市的目標要求，設計公司的商業模式與能力圈構成，以使自己有可能在早期階段就獲得機構投資者的青睞，贏在創業的起跑線上。

第 5 章 利潤主線界定

5.1 產品屬性

產品是公司發展經營活動的前提。

在當前供給過剩的競爭環境下,產品屬性的強弱將從根底上決定一個公司的收入與利潤前景,進而影響公司未來的命運。

從本質上來說,所有的產品都是為滿足人的某種需求而產生的。我們在購買產品時會習慣性地進行比較,然後做出選擇。

產品屬性主要包含:需求屬性、差異化屬性、競爭屬性。

需求屬性

根據著名的馬斯洛(Abraham Maslow)需求層次理論,人的需求由低到高可分為五個層次,包括生理的需求、安全的需求、社交的需求、尊重的需求與自我實現的需求。

在不同的需求層次上,產品應當擁有該層次典型的內在特徵,這是一種共性表達,我們稱為產品的需求屬性。如果

產品偏離了需求屬性的共性特徵，遭受挫折是遲早的事情。例如，醫療產品處在第二層次上，因而它必須要符合硬性的安全需求，否則便會出事。

除共性需求特徵外，個體需求的差異化會從微觀層面上，要求公司要精準辨識某一類人群的需求或滿足某一細分市場的個性需求。同時，還要意識到人們的喜新厭舊心理會對產品需求帶來週期性的變化。在面對需求市場的定位時，要洞察到有些需求是強需求或剛性需求，而有些則是弱需求或偽需求；有的是高頻需求，有的是低頻需求。不同的需求屬性受不同因素的干擾，對公司的業績產生能力會有不同的影響。

差異化屬性

人與人之間天生存在著差異，因而在選擇產品時，必然會有各自不同的判斷標準，這是產品差異化屬性的源頭。

從狹義上看，我們所說的產品差異化通常是指產品銷售時的個性特徵呈現，主要是針對競爭產品而言。但如果從相對宏觀的公司整體視角出發，產品的差異化屬性則與行業有密切的關聯性，其影響要素如下。

1. 行業差別

所謂「隔行如隔山」，不同行業的產業生態不同，產業鏈的勢力結構不同，價值鏈的環節也各有差異，因而產品的需

求屬性會受到不同程度的干擾或影響。處在不同時期的產業發展階段的產品，其設計理念及指導思想會有很大的差別。

2. 目標市場

凡是產品必然有它的目標市場，無非是大眾或小眾的區別、創業者有意識或無意識的區別。

廣義上的目標市場涵蓋 To C（面向一般使用者）、To B（面向企業）、To G（面向政府）等幾大類。

狹義上的目標市場是指由產品與購買者之間的需求連結所形成的市場集合。也就是說，一定數量的類似或相同的個體需求匯聚在一起，集合形成一個客觀存在的市場空間，公司根據這個市場空間的大小及其典型特徵設計產品，使該需求得到滿足。

在滿足目標市場需求的過程中，產品不可避免地要面對競爭對手的挑戰，因而需要實施差異化的競爭策略。

3. 需求變遷的趨勢

從宏觀層面，經濟全球化趨勢讓不同國家與民族的文化面向全世界傳播，極大地開闊了人們的視野。經濟經過 30 年的發展，居民可支配的財富總額在不斷上升，人們的需求結構與購物習慣已發生了極大的轉變。

過去大眾所強調的實用、牢靠與便宜的消費觀念，逐漸被

新一代追求新鮮、有趣、有設計感的消費觀念所替代，市場需求背景變了，產品的差異化設計也應當追隨時代的步伐改變。

整個社會個體需求變遷的態勢，必然帶動產品技術革新的趨勢，從而影響產業發展的形勢，最終投射到資本市場，形成專案投資的長期趨勢。

競爭屬性

公司競爭的直接目的是爭奪產品銷量，在同一目標市場中占據更大的市場占比，這就需要最大程度地爭取目標使用者，產品是最直接的競爭工具，行銷能力則讓工具錦上添花。當然，有的企業可以用三流的產品，奪取一流的銷量；也有的企業號稱擁有一流的產品，卻只做出三流的銷量。

但在同一條賽道上，產品在市場上的表現，不僅靠產品本身的優勢，更重要的是產品背後由公司能力圈所搭建的系統支撐力量及其選擇的領先策略所帶來的競爭效率的提升。

當產品不再成為推動公司前進的主要力量，而只是依靠行銷人員時，公司的發展必將面臨危機。

5.2　產品競爭的領先策略

一般情況下，一家公司如果在行業裡擁有某一個策略分型的領先地位，就基本具備了相對強大的市場競爭力，也就

有機會成為重量級的企業；若能實現行業絕對的領先地位，就有可能成就一家龍頭企業。

產品領先模型

綜觀海內外市場，每一家成功的知名公司，其產品屬性都有可圈可點的領先特徵，能夠令公司快速獲得市場競爭的不對稱優勢。我們透過觀察分析各個行業大量成功的案例，結合 20 多年的創業、經營與投資實踐經驗，總結出可供參考的產品領先模型，它同時也是公司最基礎的利潤主線模型之一（詳細內容見「利潤主線模型」）。其主要包括五大策略分型：

(A) 成本領先型。

(B) 品類領先型。

(C) 技術領先型。

(D) 設計領先型。

(E) 理念領先型。

根據產品領先模型選擇自己的策略分型時，需要掌握以下兩條原則：

第一，能力圈相配原則。

選擇不同的策略分型時，必須要與公司當前的能力圈相配或者調整公司的能力圈與策略分型相配，這是一個硬性要求。否則，只是根據自己的喜好、心理預期象徵性地選擇一

個策略分型，並沒有實際意義，反而可能陷入某種失誤。

第二，尖刀原則。

先專注一個適合自己的策略分型，將其潛心做到極致，打造成一把足夠鋒利的尖刀並插到市場上，形成立竿見影的口碑效應。

根據以上兩條原則，我們建議，除非達成事實上的行業領先，否則不要輕易考慮啟動第二個分型，因為絕大部分創業者都不具備在雙重或多重策略思維的指引下，對公司進行系統設計與建構的能力，團隊也很難承受雙線或多線執行的考驗。

1. 成本領先策略

價格競爭是所有市場競爭行為中最直接粗暴的，也是最有效的手段之一。透過低價策略快速占領市場占比，曾是許多大公司慣用的行銷殺手鐧。

俗話說：「殺敵一千自損八百。」低價競爭具有侵略性，但過度的低價對公司成本控制能力的要求非常高。因此，低價不等於成本領先，真正的成本領先可以帶來良性的低價策略。

一般來說，初創公司或實力不足的公司，很難成功地實施成本領先策略。但透過技術領先或理念領先的模式，可打破上述限制，帶來成本領先的附帶優勢。

成本領先策略的實施需要具備以下四個基礎特徵：

一是市場規模龐大。

二是產品容易找到替代品。

三是購買族群對價格敏感度較高。

四是公司擁有足夠強大的管理能力，特別是公司文化、供應鏈體系管理能力等。

以下是兩個典型案例。

① Costco 超市，美國排名第二位、全球排名第七位的零售商。

首先，確保良品的前提。實行「無風險的 100％滿意保證」的退貨策略，要求供應端承擔全部品質風險，確保 100％良品上架。

其次，極限成本控制力。透過精減 SKU 提高單品的採購規模，壓低採購成本極限，要求供應商承諾提供唯一性的最低供貨價；同時極度強化公司內部管理，表現在其年度營運費用僅占收入比重的 9％，而沃爾瑪是 19％。

最後，硬性低價政策。把「所有商品的毛利率不超過 14％」作為管理層的硬性要求，大部分商品的毛利率僅為 10％～11％，對比某家連鎖超市 2018 年 22.15％的綜合毛利率，這讓 Costco 店內產品的銷售價普遍低於市場價，牢牢吸引住了消費者，其全球會員的續約率高達近 90％。

②拼多多電商平臺，2018 年登陸美國資本市場，市值達到 240 億美元。

拼多多是成本領先策略的網路服務類型的成功案例。

首先，拼多多選擇極限低價走量的模式，為使用者與源頭型商家提供居間服務。

其次，設計社交拼團軟體，透過拼團軟體為買賣雙方提供線上交易市場，為使用者帶來更多的超低價選擇，引發使用者規模的指數級裂變。2015 年上線後，僅用時 15 個月，其使用者量就突破 1 億，18 個月做到單日交易額突破 1 億元，上市前的平臺商家超過 100 萬家。

2. 品類領先策略

人們在市面上見到的絕大部分產品都有其既定的傳統類別歸屬，簡稱為品類。但有一些產品是過去未曾出現、未進行商品化或未形成市場類別認知的產品。它們有的是偶然產生的，也有的是經由專項產品研發出現的，透過重新定義產品屬性，或把原有產品的某些屬性進行改造，或提取多種產品的不同屬性進行雜交，從而創新產品推向需求市場，逐漸形成新的品類認知。

品類領先策略分為兩種：一種是傳統品類，另一種是創新品類。

(1) 傳統品類領先策略

在成熟行業的市場中，排名前三位的品牌通常會牢牢占據該品類大部分的市場占比，形成相對牢固的競爭領先優勢。傳統品類領先策略的運用普遍以大公司為主，小公司由於行銷力量及市場投入不足，很難有機會勝出。例如知名酒類、泡麵、電器、賓士汽車等。

(2) 創新品類領先策略

創新品類領先策略可細分為三類：一是品類分化，二是品類最佳化，三是開創全新品類。

品類分化是指對傳統品類的需求市場進行細分化切割，形成更小的細分需求，透過尋找未滿足的細分需求推出有針對性的新產品，從而占據細分市場的品類領先地位。品類分化領先策略是中小型公司逆襲大公司的利器，也是大公司打破現有市場格局常用的競爭策略。

在品類分化之後，一旦形成穩定的市場供求關係的延續與成長，就會沿著曲線向上進入品類進化的自然過程，透過不斷地最佳化與疊代，產品會往越來越好的方向更新。例如汽車、飛機、電燈等的發明與產品進化。

品類的分化與進化代表了品類領先策略的兩個方向：分化的本質是差異化，表達「不同」的定位特徵；進化的本質是最佳化，表達「更好」的屬性特徵。公司的能力圈構成不同，

兩者孰優孰劣不能一概而論。

中小型公司或初創公司在挑戰具有統治地位的產品時，需要用到「不同」的分化競爭攻擊策略，其目的是透過差異化的產品定位，分化市場的購買注意力，削弱領導品牌的影響力；而處於領導地位的產品，則傾向於「更好」的優勢強化策略，目的是鞏固其不可替代的產品及品牌形象。

寶潔公司將品類分化與品類最佳化這兩種不同方向的競爭策略運用得淋漓盡致，完美融合了雙重領先的優勢。透過多品牌策略，寶潔公司運用品類分化策略在公司內部建立「不同」的品牌部門，針對不同的細分市場，讓不同定位的品牌之間形成平行競爭關係，經由市場淘汰得出答案，再扶持「更好」的品牌進行品類最佳化，進一步強化其領先優勢，鞏固其王者地位。

開創全新品類是指把一個新產品變成一個新品類，其中有的是透過品類分化後累積沉澱形成的，有的則是直接創造了一個全新的產品類別，由此開拓出新的藍海市場或顛覆了原有的傳統市場。

開創新品類的5個必須考量的要點有：認知區間的辨識、目標人群、價值訴求、使用場景和需求行為的永續性。缺少以上任一要點都很難真正完成新品類的開創。

直接開創全新品類的成功機率比較低，公司需投入大量

的研發資金,後期也需要投入龐大的市場建設資金,用於完成使用者教育與消費習慣的培養。其間,公司還要面對需求穩定時,大公司的市場入侵,風險係數較大,因而中小型公司盡量少採取此類策略。

3. 技術領先策略

技術領先策略是指採用行業／產業先進的國家級或國際性的技術力量,涉及整體技術創新、局部創新、微創新等,多以發明專利為基礎形成擁有行業領先地位的競爭優勢。

實施技術領先策略的公司比較少見,須常年保持高額的研發費用投入,有強大的研發團隊打造完備的研發體系,包括技術研發、改進、創新以及新產品開發等,在產業內的領先地位突出。例如,英特爾在全球 CPU 技術上的持續領先,台積電是全球積體電路製造技術的領導者,其行業占有率超過 50%,華為的 5G 技術領先全球,寒武紀的全球新一代人工智慧晶片技術等。

4. 設計領先策略

設計領先策略是指透過產品的外觀、造型、材質、結構、功能、內在系統、技術應用、工藝標準、流行色彩等方面的組合設計,讓公司的產品與同類競爭品之間,呈現出明顯落差或顛覆性的內外感知效果,吸引目標受眾的強烈關注,提升並鞏固品牌的整體形象,從而實現競爭領先。設計

領先型的公司通常掌握著很高的品牌溢價空間。

領先的設計不是為了設計而設計,而是依託社會與行業發展的趨勢,在深刻洞察目標市場的需求基礎上進行的。這種需求必須是真實有效的、能產生購買行動的現實或潛在需求,而不是偽需求。

設計領先的難點在於保持高水準的持續領先,這就要求產品長必須擁有產品設計的最終拍板權或者其就是公司的最終決策者。與此同時,產品長必須要具備策略性思維並對所從事產業及市場有極深的理解能力,當然,具有深厚的審美功底是不用多說了。

5. 理念領先策略

理念領先策略是一個既簡單又複雜的概念。

簡單在於,可以用幾個字或一句話就能表達清楚其核心定義,複雜則在於不同的人對理念領先的理解與判斷有不同的標準,這與人的認知水準有密不可分的關係。例如,有的創業者會奉行專注於一的產品開發理念,有的卻會奉行「多元化」產品開發理念,大部分公司的產品開發理念是混亂的。

前文中談到頂層設計的前提是客觀的系統性認知。這種認知必須擁有四度空間,首先是根植於創業實踐的深度,同時兼有視野的寬度以及理論的高度,最後還要考驗思維的厚度,否則可能陷入經驗主義或是主觀性猜想的災難。

實施理念領先策略對於創業者的認知能力要求是極高的，這與其改變願景相對應。

首先，理念的正確性要建立在對事物發展規律的深刻認知以及識勢的基礎上，包括使用者需求變遷的趨勢、產業發展變革的趨勢，以及競爭與市場格局發生變化的趨勢。

其次，應當確立產品領先取決於市場實踐深度的理念，要尊重目標族群、市場行銷及客戶服務等一線人員、行業資深從業人員等對市場及產品的理解與建議，以此為出發點建構公司的產品理念與領先策略。

最後，還要與公司的能力圈構成相搭配，才有落實執行的可靠性。否則，無異於畫貓成犬。

最為致命的問題是，理念是一種很容易改變或出錯的思考結論，極易受個人心性的影響。不同的人在不同的認知成長階段會擁有不一樣的理念，況且人的理念天生受外界訊息的影響非常大，不同的理念在輿論導向的傳播中也經常會有某種誤導性。不少人經常從過去的認知狀態脫離出來，發現自己曾經處於「不知道自己不知道」的認知狀態或者是「以為自己知道」的認知狀態，然後會急於遵從當下的理解修正過去有可能錯誤的理念。這時，如果僅是個人的認知提升還好，如果涉及公司產品理念的轉變，又該如何把理念從虛擬的形態轉化成可執行的行動呢？以及如何處理公司理念的轉變與提升所帶來的影響？

不同層面的員工，甚至是合夥人都很難站在創始人的層面考慮問題，且不同的人的學習理解能力是不同步的。當理念發生多次更改之後，公司最終將何去何從？

因此，在前面 5 種產品競爭的領先策略中，理念領先策略是維度最高，也是最難操作的一種選擇。其難點在於理念的形成、落實和定力這 3 種不同力量的動態統合，一旦拆離將對公司的發展產生不利的影響與後果。

成功的產品理念領先策略，在面對目標族群落實時，必定需要擁有至少一個具有行業制高點的要素訴求，否則領先不成立。

理念領先策略的典型案例如下。

小罐茶，以「現代派中國茶」的品牌定位，圍繞「小罐茶，大師製」的產品理念，由日本設計師設計小罐包裝的創新概念，透過與八大製茶大師合作，打造不同茶品類的高階消費影響力。2015 年試賣上市，2016 年銷售額不足 1 億元，2018 年已快速成長到近 20 億元，躋身行業龍頭。

公司發展是一個系統致勝的工程，產品只是起點。

擁有產品競爭的領先策略，不代表公司就一定會發展得好。

但凡傑出的公司都必定擁有一個超越同儕的產品領先策略，這是公司經營的基本功。當公司犯錯或面臨挫折時，基

本功的價值就會展現出來。正如某品牌咖啡一樣，在遭受資本市場的挫折後，回到產品經營的基本點不斷推出新品，當生椰拿鐵上市成為明星商品後，其系列產品單月銷量突破1,000萬杯，對品牌的利潤提升做出很大的貢獻。

大多數的龍頭企業，會擁有兩個甚至是三個策略的領先地位，如蘋果的「理念＋設計＋技術」領先，華為的「成本＋技術」領先，小米的「設計＋成本」領先等。

不同的領先策略都要以符合公司的策略定義為前提，在選擇領先策略時要根據與能力圈相配的原則，切忌貪多。整體上，排序靠後的策略領先容易向下延伸增加新的領先優勢，而排序靠前的策略領先要往後增添新的領先優勢則相對難度大些，但並不絕對。

5.3 利潤主線

先來看一則《戰國策》中的故事：

季梁對魏王說：「今天我在太行道上遇見一個人坐車朝北而行，他告訴我他要到楚國去。我問他：為什麼去楚國反而朝北走？」

那人說：「不要緊，我的馬好。」

季梁說：「即使你的馬好，可朝北不是到楚國該走的方向啊！」

那人又指著身邊的口袋說:「我的路費多著呢。」

季梁說:「你的路費再多也沒用,這可不是去楚國的路。」

那人仍舊不聽,還說:「我有個善於趕車的馬夫呢。」

他不知道如果方向不對,趕路的條件越好,離楚國就會越遠。

這則「南轅北轍」的故事,用來表述行動與目的截然相反的意思,應了一句俗語:「方向不對,努力白費。」

這也是許多公司在經營過程中的真實寫照。雖然對公司進行了策略定義,明確了方向,但在沒有找到自己的利潤主線作為行動指南針之前,很容易陷入「策略在南,行動向北」而不自知的境地。

利潤主線是什麼

利潤主線是指公司在策略定義的方向上實現價值創造的主體路徑。

中小企業通常沒有足夠強大的能力圈來建構全面的競爭優勢,也沒有更多的犯錯時間和機會,因而公司實現收入的主體路徑選擇,即利潤主線的界定是關乎公司未來生死的大事。必須選定一條最適合自己發展的正確路線,然後不斷在主線上積蓄動能,集中優勢力量重點突破,才能實現公司永續性的價值成長。

利潤主線依託產品及產業背景，以產品競爭的領先策略為核心，如圖 5-1 中標 1 的倒三角形，並由左右兩條輔線組合而成。

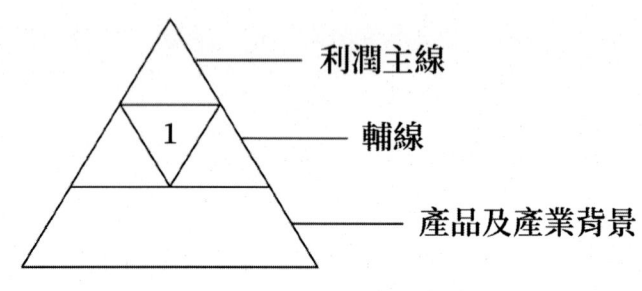

圖 5-1 利潤主線界定

利潤主線所依託的產品背景，主要考量產品屬性與產品競爭的領先策略分型。公司所處的產業背景，則主要從 3 個方面考量：一是產業的不同發展階段，分為起步期、成長期、成熟期與衰退期；二是產業鏈角色，即公司處在上游、中游或下游的哪一個環節；三是公司的產業地位，處在領導者、追隨者、競爭者或參與者的地位。

如何界定利潤主線

要界定公司的利潤主線，首先必須基於產品及產業背景回答以下 5 個問題：

(A) 產業未來的發展趨勢是什麼？
(B) 決定產業未來趨勢的關鍵要素有哪些？

(C) 公司在哪些關鍵要素上，必須擁有什麼樣的能力，才能在產業未來的競爭中勝出？

(D) 結合產業發展趨勢，對公司當前及未來 3～5 年的主營收入產生核心作用的三大要素分別是什麼？

(E) 公司的產品領先策略是什麼？

根據對以上問題的回答，在第 4 個問題的答案中，選出一項最重要的定為主線，其餘兩項作為輔線，形成主輔結構。需要注意的是，輔線對主線要發揮正相關的助力或強化作用，設立輔線是為了加強主線的核心能力，兩者之間不能是相互獨立的分散組合、弱相關，或是相互對立的關係。

透過利潤主線與輔線的組合，形成指向清晰的獲利結構，同時在公司價值創造的方向上擁有容錯的後備空間。主線與輔線之間的關係並不是一成不變的，可根據公司發展的實際狀況進行科學調換，但在一定程度上要避免主線大幅度轉向的風險。

主線通常由公司董事長或 CEO 親自掌控推進，輔線則可由公司的「二把手」掌控。當主線與輔線相衝突時，原則上主線優先，但也並非絕對。在某些極端情況下，主線可以暫時讓位，在中途做一些短期的業務轉型或補救行動，但公司的經營方向最終還是要回到主線上。例如，在 2020 年初新冠肺炎疫情期間，有些醫療器械製造商迅速轉型生產呼吸機，有些衛生棉及紙巾等生產商開始生產口罩等相關產品。

如果在經歷了「黑天鵝事件」之後，公司需要進行策略方向的調整，那麼就要重構公司的利潤塔，利潤主線隨之也要重新界定，這時公司的能力圈構成與盈利點分布也需要進行相應的調整。

主線是公司的旗幟所在，在做與產品布局相關的重大決策時，首先要檢視是否符合主線及輔線的要求，這樣在經營的過程中就不會跑偏或繞彎，也不容易出現「經營分裂症」的現象。

5.4 利潤主線模型

公司所處的發展階段、產業發展週期及產品布局不同，選取利潤主線與輔線的側重點也不一樣。

一家公司只能選擇一個主線模型以及其中的一個分型作為利潤主線，以此建構核心價值優勢，提高獲利能力，推動公司在既定的方向上獲得市場競爭的領先地位。

不同的主線模型，會產生不同的獲利機制。主線模型主要有如下幾種。

1. 產品領先模型

產品領先模型是利潤主線的基礎模型之一，可處於利潤主線界定圖中 1 的位置上，主要有以下 5 個分型。

(A) 成本領先型。

(B) 品類領先型。

(C) 技術領先型。

(D) 設計領先型。

(E) 理念領先型。

2. 管道優先模型

管道模型是指公司銷售管道的建設能力將在最大程度上影響公司產品銷量與利潤的產生。在產品不具備競爭領先優勢的情況下，某些固有的產品屬性將要求公司依賴於銷售管道的廣泛分布，以獲得更大生存獲利的空間。例如，糖、菸、酒、包裝食品等，以及以超市類管道銷售為主的產品。

管道建設的方式主要有 4 種：一是自建直營，由公司自行出資建設，直接派人經營；二是代理加盟，透過招代理商或授權加盟商實現管道的拓展；三是聯合拓展，透過產業上、下游及周邊關聯的產業聯動合作，或投資與託管分開的聯合經營，或雙方股權合作等方式拓寬銷售管道；四是跨界合作，與行業不同但擁有同一目標族群的商業體合作，形成多元共生的管道分布。

公司處於不同的產業背景下，或處在不同的發展時期，管道建設的要求與側重點也不一樣，並非採取單一的方式進行。需要根據經營策略目標選擇與其相配的管道優先策略，

調動公司內外資源進行管道建設。

管道優先模型主要有以下 4 個分型。

(1) 數量優先型

多數公司在早期發展階段,會以管道拓展的數量作為優先選擇。部分行業因其特有的屬性,在終端管道上始終是以開放式的發展為主,最大程度地增加銷售商的數量,如手機、電腦、日常消費品等產品的銷售管道。

選擇數量優先的管道模型,通常以代理或加盟的方式居多。

(2) 品質優先型

有一定品牌基礎的、具備系統運作能力的公司,會建立管道貢獻度的分析與評估標準,根據行業的特點提出一系列指標要求,對通路商實行淘汰機制,確保管道的品質符合公司發展的策略要求。比較注重品牌美譽度的公司通常對管道品質有嚴格的准入條件要求。

通常情況下,自建管道的品質要高於加盟或代理商,有共同利益捆綁的管道品質要高於純粹以業務合作建設的管道品質。

(3) 銷量優先型

處在擴張期的公司或者有風險資本支撐的專案,通常會強調管道的銷量涵蓋,透過快速攫取市場占有率,將競爭對

手排擠在主要市場之外，以此獲得更大的市場主導權與產業領導者地位，實現公司規模的有效擴張。

選擇銷量優先的管道模型，產品通常以成本領先為主，或者總部具備很強的賦能體系以及多媒體傳播整合能力，否則將難以持續。

(4) 控制優先型

具有強勢品牌影響力的公司會採取嚴格的垂直管控與激勵措施，以激發管道的效率、潛力與活力，以確保市場競爭優勢並建立強大的使用者忠誠度。

當公司業務處在相對穩定或成熟的發展時期時，也可選擇控制優先型，這會對公司的企業文化、組織成熟度、研發體系，以及管理團隊的能力提出更高的要求。例如，某家電器有限公司，透過公司總部與各地通路商組建合資銷售公司，形成對管道的強大控制力。

3. 品牌主導模型

傳統品牌的建設大都經歷長時間的大量投入，以獲得牢固的社會認知。但在行動網路的背景下，使用者接收資訊與購買方式已發生了極大的變化。幾乎所有行業都面臨同質化、供給過剩的殘酷競爭，市場呈現碎片化狀態，傳統的品牌打造方式已不太適合現代的市場環境。品牌主導模型主要有以下 4 個分型。

(1) 單品牌主導型

小公司或初創期公司採取單品牌策略有利於集中力量，降低市場推廣的費用，減少人員的耗散，提高公司的營運效率與成功率。公司一個成功的單品牌，要有不低於 10 億元的年營業額。

(2) 多品牌主導型

選擇多品牌主導型的公司，大都建立在早期擁有一個成功單品牌的基礎上。多品牌營運有兩種不同的策略：一是關聯品類的多品牌策略；二是互不相關的跨行業多品牌策略。

一個成功的主品牌須擁有良好的市場號召力，可為公司延伸關聯產業領域提供堅實的品牌信譽背書，降低市場進入的成本與難度。同時，為鞏固主品牌的市場地位，子品牌與附屬品牌透過差異化定位對細分市場進行切割，形成有效的市場攻防體系，可封阻競爭對手或者提高市場准入門檻，給競爭對手製造難以踰越的市場壁壘。

(3) 快品牌主導型

在網路與自媒體興起的十餘年間，大量的傳統品牌如同潮水一般漸漸退去。

如何快速地在目標使用者群體中建立起品牌認知與產品回購的黏性，成為當今品牌建設的主調。以免費、低價與明

星商品快速吸引使用者注意力,幾乎成了快品牌切入市場必備的「三板斧」,燒錢比賽成了快品牌打造的必然前提,若沒有強大的資本力量作為支撐,普通品牌將不再可能「魚躍龍門」。

(4)輕品牌主導型

公司集中力量聚焦品牌營運突破市場,以輕資產的運作方式將品牌營運的非核心環節全部外包出去,透過控制產品的專利技術、品質標準、設計研發及品牌所有權等方式掌控品牌核心資源,與傳統的公司進行全產業鏈投資的重資產營運方式區別開,使品牌成為最重要的資產。例如,知名服裝品牌 NIKE、adidas 等,奢侈品品牌 GUCCI、LV 等,以及許多酒類品牌的客製等。

在網路行銷的背景下,輕品牌主導策略基本上都專注於在某一垂直細分市場塑造品牌價值,透過線上快速的產品試錯與疊代,精準鎖定目標受眾族群,打造擁有粉絲屬性的精神座標,讓品牌在既定的社群圈層中形成追隨效應。

典型的案例如下。

①小米,自己不生產手機,而是聚焦網路品牌營運,透過精準定位以「發燒友」為初始目標使用者突破市場,帶動形成年輕人的潮流。

②迪士尼,透過品牌授權商、專利以及智慧財產權等授權合作營運,在2019年TOP 150全球授權商排行榜上,迪士尼以547億美元的授權商品零售額排名第一。

4. 服務主導模型

某位企業家曾在2013年對美國科技界及網路圈中的資本市場、科技業和網路資訊產業的上市公司作了一次統計,發現其中科技業的一半是To C公司,占了一半的市值;另一半則是由To B公司,例如Oracle(甲骨文,全球最大的企業級軟體公司)、Salesforce(一家CRM客戶關係管理軟體服務提供商)、Workday(多租戶的SaaS服務)等公司占據。他自己的國家的上市公司基本上都是To C領域的,To B的公司幾乎找不到。這種不平衡的發展狀態與該國社會及商業發展的當前階段有關,預示著一種新的趨勢性機會。伴隨著紅利衰竭與紅海遍布的創業環境,這也意味著幫助脫離低效營運環境的企業服務的市場空間正在被打開。相對於十多年來網路概念火熱的大量To C類項目,由於To B類業務的成長週期比較長,回報倍率相對不夠搶眼,因而很長時間內不太受關注。這兩、三年來為企業服務的專案公司開始進入主流機構的視野中,投資事件數量也在不斷上升。

服務主導模型主要是以To B企業服務類為主,To C類型的主要適合弱產品強服務、純服務方式,或包含服務內容

的產品形態。

服務主導模型主要有以下 4 個分型。

(1) 流程化主導型

為公共事務、政策、經營環境、專業認知等具有固定標準化特徵，或法定流程的功能性事務領域提供專業化的服務能力。例如，法律訴訟服務、商標註冊事務、ISO 品質認證、公司註冊服務等，也包括透過標準化的工具軟體，解決企業職能模組的標準化管理與服務問題等。例如，ERP 系統等。

(2) 專業化主導型

為目標客戶提供具有針對性的專業化內容服務，多數具有個性化的服務特徵。例如軟體開發、股權設計服務、外觀設計、產品客製、技術開發、行銷策劃、諮詢、顧問與培訓等。

實體產業的生產性服務，包括提供差異化的半成品、配件或個性化成品客製等。例如，PCB 設計與 SMT 電子貼片加工，供應鏈上游的零部件設計、生產與客製服務等。

專業化能力越強，所提供的服務水準越高。

(3) 價值主導型

為企業提供整體或具有定向價值的系統解決方案，幫助企業提升價值創造能力，加強策略實現的組織控制力，涵蓋策略轉型、價值鏈重構、流程再造、數位化技術、供應鏈管

理、組織文化重塑、開拓創新等某一方面或全方面內容。

價值主導策略的提供者能為處在不同競爭層面與不同發展階段的公司帶來系統性的價值服務，包括降低成本、提高組織效能、持續創新以及策略目標分級實現等。

例如，IBM 為華為服務 10 年，基於流程再造提供包括管理在內的整體解決方案，收取了高額諮詢費，協助登頂全球。還有全球最大的企業管理資訊化解決方案供應商 SAP，以及大型風投機構的投後管理服務等。

(4)信任主導型

由政府體系延伸的或天然具有社會公信力的組織所帶來的服務。主要包括兩種：一是以官方授權或組織關聯的信任背書為依託，例如證券商、銀行、出版社、公證機構、各種商協會組織等；二是經由長時間累積商業信譽形成的品牌信任基礎，例如高盛銀行、奇異等百年企業。選擇信任主導的策略分型，如果自身不具備上述兩種信任的基礎，就需要採取策略，盡可能多地尋找強信任背書企業的關聯關係，如官方認證、國際品牌授權合作、意見領袖推薦等，以提高客戶對公司的信任值。

5. 流量驅動模型

透過流量驅動策略實現公司快速發展，多數是以網路為依託的新經濟類型公司。根據流量的來源與動力構成的不

同，流量驅動策略可參照的主要有以下 4 個分型。

(1) 垂直驅動型

專注於垂直細分市場打造品牌影響力，以私域流量為主的策略。大部分的傳統公司實施垂直驅動的流量策略。

(2) 關聯驅動型

透過廣告、內容推送、話題設定、事件行銷、熱門焦點、意見領袖、公共平臺或公益活動等製造關聯場景以吸引受眾，以複合手段篩選精準目標族群，形成自己的消費圈層流量。這是網路品牌型公司實行的流量策略。

(3) 補貼驅動型

透過高額補貼的方式廣泛引流，靠後端營運轉化流量，提高消費者回購率及持續消費的黏性。這是有風險資本加持下的網路公司「燒錢」獲取流量的典型策略。

(4) 演算法驅動型

擁有流量的公司透過演算法分析使用者行為，以流量分發驅動價值再造的策略，例如眾多金融科技型小貸公司等。

6. 創新驅動模型

創新是社會經濟發展的第一活力來源。

對於公司來說，產品創新的成功率非常低。尼爾森公司

《突破創新報告》中評估了 2 萬多種新產品,其中只有 92 種在市場獲得了成功,按其標準來說,整體成功率不到 0.5%。從市場競爭效用性來看,產品創新的方式有顛覆式創新、漸進式創新與追隨式創新等。

公司創新驅動策略需要站在整體經營的視角來看,創新驅動模型主要有以下 4 個分型。

(1) 要素驅動型

要素驅動的創新包含單一要素的創新和多要素聯動的創新。單一要素指對公司的某一個功能模組實施創新,如技術創新、行銷創新、服務創新等;多要素聯動指對影響公司經營效能的多個功能模組實施聯動創新,如技術+產品創新、技術+市場推廣創新、股權激勵+組織管理創新等。

(2) 模式驅動型

模式驅動的創新通常指公司的商業模式、盈利模式及相關模式等的創新。

商業模式創新有兩種方式:一種是重新定義常態化的商業運作邏輯,重塑市場格局,改變產業價值鏈的結構,如蘋果手機重新定義了手機行業,亞馬遜重新定義了全球圖書零售市場;另一種是創造全新的商業定義,開闢出原本不存在的市場空間。例如 WeWork 共享辦公室開創了一種新的辦公租賃的市場空間,也是產品全新品類的開創者。

盈利模式創新也有兩種方式：一種是在不改變原有商業形態的情況下，公司創新業務執行方式，產生新的收入方式，實現內在價值鏈的重構，進而影響市場的發展。如瑞典老牌的利樂公司創新業務發展方式，將灌裝機和包裝材料捆綁在一起銷售，透過降低客戶購買設備的資金門檻，只要預付 20％就能獲得其使用權，但要求必須使用利樂的包裝材料，實現耗材的長期盈利。另一種是在新的商業形態下產生的新的業務營運體系，這種方式承續上述商業模式創新中的第二種方式（創造全新的商業定義），如美國安麗公司的直銷方式。

(3) 文化驅動型

文化驅動的創新大體包括公司組織文化、物質文化與內容創新。

公司組織文化的創新，包括公司發展理念、價值觀、組織管理與制度等方面的創新。典型案例如某年輕時尚女裝品牌「三人小組制」的組織管理創新，由此引發公司組織文化的整體變革。

人類文明的傳承，是從不同民族使用的工具、建築、藝術、宗教及文字書籍等物質文化中得以辨識並延續下來。企業的物質文化特指以物質為載體的可辨識場景表達。透過消費場景、活動場景、經營場景等體系化場景中的物質構成、

器具造型及綜合元素設計，呈現公司物質文化的一致性表達，以固化的外形傳承表達，形成可持久的品牌特徵記憶。物質文化的形成大多為具有歷史傳承的老字號及物質文化體系特徵明顯的連鎖企業等。此外，還有高階的瑜伽培訓及藝術類經營場所等，也可以打造具有物質文化特徵的商業表達。

內容創新主要集中在如影視、遊戲、娛樂、新媒體、出版、教育與知識付費等領域或文化氛圍比較濃厚的領域，雖各有不同的產業屬性，但其核心是題材差異，還涉及內容的表現形式、受眾的感官傾向、付費習慣及意願的差異等。

(4) 週期驅動型

從自然界一年四季循環的週期，到人的生理與生命週期，以及經濟運作週期、股市波動週期、產業發展週期、技術變革週期、產品生命週期、流行週期……我們生活的世界到處都充斥著週期的力量。週期是對事物發展規律性的呈現，如何辨識並利用週期運行的力量，用於指導公司經營的創新行為，我們還需多方面的探索。

7. 資源共利模型

資源共利模型一般作為公司利潤輔線模型，因為資源本身不創造價值，必須施加人的行為才能實現其價值歸屬，並且需要與公司的經營策略及戰術需要相搭配，才能產生相應

的價值。根據資源的不同存在狀態及其運用價值，資源共利策略可參照的主要有以下 4 個分型。

(1) 知識型

以個人感悟、經驗、技術或專業化的知識體系為企業帶來價值，包括諮詢、顧問、教育培訓、宗教活動等。

(2) 資料型

涉及政府監管資料、公共資料、商業資料及私密性資料等。與企業經營相關的資料策略包括政策導向、社會經濟、產業發展、技術趨勢、市場競爭、使用者需求與行為分析等不同專業模組的資料分析、處理、挖掘、應用、歸納與結論共享，以及為企業提供解決問題的策略或方案，包括諮詢公司、軟體公司、研究院、社團組織、大數據實驗室，以及各類研究機構等提供的資料方案。

(3) 關係型

透過個人之間、個人與群體之間以及個人與國家之間的關係資源，為企業帶來法理許可範圍內的商業價值，包括私人關係、經濟關係、法律關係、政治關係及宗教關係等資源。

(4) 勢能型

透過社會知名人士、專家學者及意見領袖、商業及政界領導人，各類媒體、各行業上市公司、龍頭企業、商業連鎖

企業、行業資源性組織、國際性組織、政府機構與非營利組織等擁有的重要的社會影響力地位,為企業資源整合提供關鍵性的幫助,從而實現龐大的商業價值。

8. 資本促動模型

資本促動模型通常只能用作公司的利潤輔線模型,因為資本自身不創造價值,其價值需要依託所投資的對象而產生。資本處在商業價值鏈的頂端,影響力是自上而下的,透過投資所篩選的優質專案和各界菁英力量合作,可以不斷帶來永續性的增值效益。這裡所談的資本並非廣義上延展的,而是特指以資本市場為背景的股權投資交易行為。

(1) 工具型

所有的工具都是為目的服務的。工具的作用是提高效率,解決問題,透過恰當的工具使用來延伸自己的能力圈邊界,為專案創造有利的可投資場景,從而實現融資的目的。這裡的工具使用包括對人與事物的編排。

大部分情況下,工具型策略的資本運作相對比較隱晦,目的有好、有壞,不一而足。有些是藉助資訊的不對稱性實施工具型策略,從符合法律、上市流程規範以及其真實性等方面看都是沒有問題的,比如在一些融資能力極為有限的海外證券交易所上市,以此為融資工具吸引國內的業餘買家入場參與股權投資等,大多是投資即套牢。也有個別極端的案

例,如 2022 年 3 月某公司竟然偽造港股上市的現場儀式,作為資本運作的工具使用,這是公然造假的低級行為。

(2) 重構型

這是基於價值鏈重構的新資本策略。根據不同的專案公司的價值存在特徵,採取不同的資本運作方式,透過參股、併購等方式掌握產業鏈、價值鏈或生態鏈的多個關鍵環節,對高價值環節形成整合效應,以此阻止競爭對手或限制其擴張能力,從而獲取最大的商業收益。

價值鏈重構需要以公司現有價值的基本面作為支撐,設計股權融資的路線圖,透過對公司價值的發現、重構、放大與加速,推動公司價值創造的行為符合資本市場及股權投資市場的規範性要求,從而開啟正確的、永續的融資過程。

對於股權融資專案來說,創業者可以根據公司發展的不同階段、公司價值的構成品質以及投資機構的參與程度,按股權融資的優先需求採取有效的策略,包括時間優先、資源優先、金額優先與比例優先等融資策略,實現公司不同階段的融資目標。

(3) 收縮型

當外部經濟環境變化,產業處於衰退期或其他影響公司策略發展的不利因素出現時,企業需要重新調整資源分配的合理性,提高競爭力並規避可能出現的風險,因而採取資本

收縮型策略。其方式主要包括：分拆上市、企業分立、股份回購、股權轉讓、資產剝離、專案或企業清算、企業撤立等。

(4) 擴張型

當外部經濟環境變化，產業處於快速發展時期，企業經營業績形勢樂觀且能力圈構成可以支撐進一步的市場擴張，或者出現其他策略發展的重大利好因素時，企業採取資本擴張策略，透過內部增資、股權融資、兼併和收購，以及資本槓桿橇動等方式，擴大企業的資本規模，推動公司價值的最大化。

資本擴張策略可分為：垂直擴張、橫向擴張與混合擴張等三種類型。

第 6 章　盈利點分布

6.1　經營分裂症

許多公司普遍存在「思考向左，收入在右」的現狀，想做的事與現有產品收入的結構不在同一個方向上，也就是說，策略期望與收入現實的夾角比較大。我們把這種現象稱為經營分裂症。經營分裂症的輕重程度，由夾角的大小決定，夾角越大症狀越嚴重。

絕大部分的創業者在經營企業的過程中，都會接觸到越來越多的資源，從而認為自己找到了新的業務方向，或是覺得發現了新的機會；當企業遭遇業務困境時，便會不自覺地尋求更容易、更快的業務收入途徑，從而忘記了策略的出發點，這是產生經營分裂症的主要原因。

現實與夢中情人之間，總是缺一艘擺渡的船。

經營分裂症狀嚴重的公司，其業務通常多而不精，未來方向不清晰，因而大多是不值錢的公司。如果不能妥善地處理分裂症的問題，伴隨公司業務的發展，策略期望與現實之間的夾角會逐漸變大。隨著時間的推移，經營分裂症將會深層影響創業者的經營思維，使其在決策時無意識地左右搖

擺，容易產生患得患失的心理、朝令夕改的舉動以及隨意投資的行為等。如此，公司必定會出現方向迷茫、成長緩慢、原地踏步、退步，甚至衰亡等後果。

一般來說，策略定義與利潤主線界定清晰的公司，基本上是不會出現經營分裂症的。

6.2 減法

盲目熱衷於多元化發展的公司極少能夠基業長青，即使曾經立在潮頭上，如今也是有的淡出了歷史的舞臺，有的正陷於極大的困境中，絕大部分甚至沒有機會讓更多的人知道就已成為「明日黃花」。

專注於一

所謂「三百六十行，行行出狀元」。

縱觀那些百年老店，都是匯聚幾代人的持續努力，專注一個方向，打造領先的產品優勢，逐漸累積口碑才形成品牌領先優勢，故而能夠穿透時間的洪流走到現在。

同樣地，現代聲名顯赫的企業大都是先專注於一，才能快速抓住時代的機會迅速做大，同時不斷強化主營體系的管理能力並升級公司的能力圈，藉助資本的力量實現跨越式發展。

每一個創業者伴隨公司由小到大的發展歷程，都在建立一個由簡單到複雜，再到高難度的經營管理系統，從外到內要涉及許多不同的專業體系。對外包括產品銷售、市場推廣、品牌建設、客戶服務、供應商管理、公共關係處理及收併購投資等；對內包括策略、企業文化、目標管理、人力資源、財務、法律、技術研發以及合夥人關係等。有大量超出個人認知與能力圈範圍的事物會出現在視野之中，如果創始人及其團隊不夠強大且執行機制不成熟，一旦產品或業務線擴展太快，必然會削弱核心業務的力量，導致管理走向散亂與低效，公司衰敗的可能性就非常高。如若公司能夠專注於一個細分領域，其策略定義與業務邏輯就會變得相對簡單，有利於集中優勢力量快速打造組織的整體效能，提高創業成功的機率，即使不慎出現策略性的問題，也可以快速轉型。

所以，企業在規模較小的時候更要懂得聚焦，團隊人數本來就少，更不宜分兵進擊，需要在既定的方向上累積足夠的專業人才，培養強大的業務體系與組織管理能力，才是實現突破的唯一出路，否則容易陷入經營分裂症的泥塘中難以自拔。

當公司的業務線變成大雜燴，或陷入多元化營運出現明顯的滯脹邊界時，就必須有做減法的決心和行動，否則「當斷不斷必受其亂」。

PART2　利潤塔體系

企業做減法需要從兩個維度考慮：一是全局性的策略維度，二是內部管理的策略維度。關於內部管理的維度，有諸多管理方面的書籍可以借鑑。我們重點關注一下全局性的策略減法。

從全局性的維度出發，首先要對公司的策略定義進行診斷與整理，明確其是否真正符合產業發展的趨勢；策略有沒有在落實過程中出現偏移；團隊能力圈在哪些方面存在不足。其次是方法論，要明確公司的策略定義與利潤主線之間是否相配，以及該採用哪些方法讓企業減出效能，跨越當前所面臨的大雜燴局面或多元化鴻溝，實現永續性成長。

當公司確定需要從全局性的維度實施策略減法時，T形減法，如圖 6-1 所示，可以提供垂直減法與橫向減法兩種思考方向。

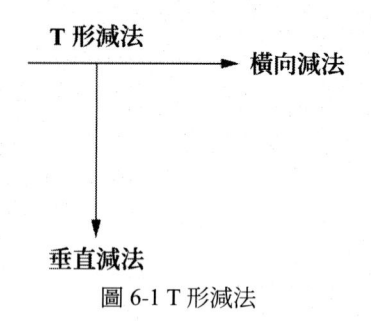

```
        T形減法 ────────▶ 橫向減法
           │
           │
           ▼
        垂直減法
```
圖 6-1 T 形減法

垂直減法以單一產業為背景重構公司的價值鏈，透過對業務及利潤體系的重新整理，將公司涉足的產業或產品數量

減到最少，歸結到足以代表產業制高點意義的單一要素。經典案例如下。

①萬科集團。萬科前期實行的是典型的多元化發展策略，擁有貿易、房地產、工業、文化傳播及投資等多個板塊，涉及十多個行業，包括進出口貿易、零售、股權投資、影視、廣告、印刷、工業製造、飲料、服裝、電氣工程、通訊設備生產、汽車製造、高新技術開發、能源、水產養殖等。可以說什麼賺錢做什麼。自 1994 年起，萬科確立了房地產的策略主線，然後逐漸砍掉其他業務，聚焦房地產垂直領域的細分市場——住宅房地產，走向專業化與精細化的發展之路。10 年後，萬科成為住宅房地產的龍頭企業，並長期占據榜首位置。

橫向減法以單一效用為背景，架構橫跨不同領域或產業的單一產品所帶來的公司價值鏈體系。透過分析不同領域業務線上的產品效力表現，重新整理制定產品策略與利潤主線策略，在明確中心焦點的基礎上，將現有產品減到最少，甚至減到僅剩 1 個，歸結到具有破局點意義的單一要素上。

6.3　盈利點分布

所有的產品，歸根結柢都是為滿足目標市場的需求而生。不同的目標市場競爭策略會有本質上的區別，產品設計

必須具有針對性與足夠的領先優勢,才能在市場上立足並致勝。

每一個產品的盈利能力,代表公司的一個盈利點。

所謂的盈利點分布(見圖 6-2),是指對公司現有產品進行結構性的區間調整或重新布局,使公司當前及未來的產品結構分布既符合策略定義的要求,又能滿足永續性成長的盈利要求。

盈利點分布可分為被動性分布與主動性分布兩種。

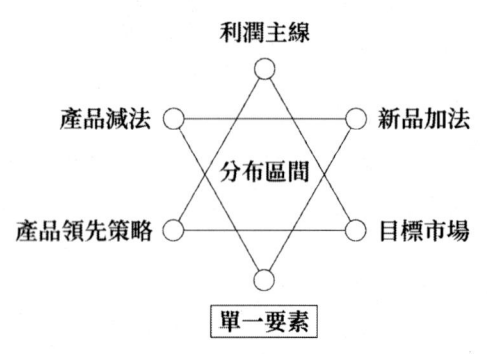

圖 6-2 盈利點分布

由圖 6-2 可知,盈利點分布的圖形由一個正三角形與一個倒三角形疊加而成,中間交叉部分形成一個六角形區域,這就是盈利點的分布區間,它要同時滿足兩個疊加三角形的六大要求。

正三角形的部分,我們稱為策略三角,如圖 6-3 所示,是由利潤主線、產品領先策略與目標市場三大策略構成。

(A) 利潤主線,是指引盈利點分布的策略方向。

(B) 產品領先策略,是確定具有領先優勢的盈利點所在。

(C) 目標市場,是公司業務的出發點,最終經產品盈利效率和客戶盈利效率交叉驗證,得出適合公司的最佳盈利點分布結論。

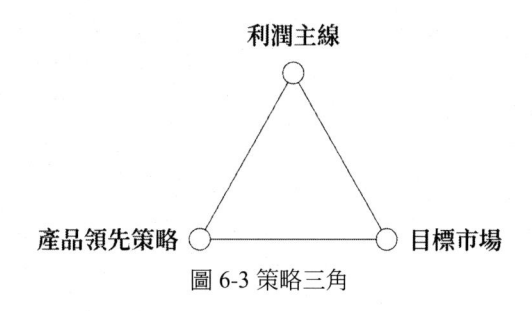

圖 6-3 策略三角

倒三角形的部分,我們稱為行動三角(見圖 6-4),是由單一要素、產品減法和新品加法三大落實法則構成。

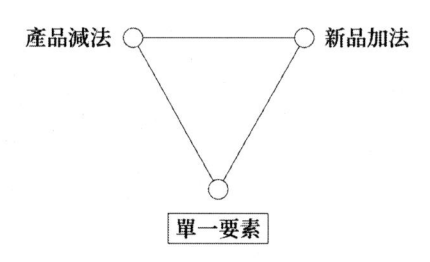

圖 6-4 行動三角

(A) 單一要素,是指以「具有制高點意義的單一要素」為指導法則,用以指引產品或業務找到屬於自己的產業先進性或領先優勢。

(B) 產品減法，是指圍繞「單一要素法則」做減法落實，先將公司產品或業務線減到僅剩 1，以實現專注於一。

(C) 新品加法，是指在「單一要素法則」的指導下，同時圍繞產品減法的法則所得到的「1」，進行新產品研發設計，遵循「設想 —— 驗證 —— 定型」的落實邏輯做產品加法，透過市場驗證進行新產品布局，有序增加公司的盈利點分布。

被動性分布

被動性分布是指當前盈利點分布的原始狀態，由公司現有產品在市場上的業績表現構成，主要包括產品盈利效率和客戶盈利效率的現存狀態分布。可根據產品盈利效率和客戶盈利效率的不同狀態表現，實施有針對性的加減策略，便可永續提高公司整體的盈利水準。

根據產品盈利效率的現狀調整公司的盈利點分布，可參照著名的波士頓矩陣（見圖 6-5），透過對現有產品的市場占有率與市場成長率兩個關鍵要素組合進行分析整理，將公司業務分成四類：明星業務、「金牛」業務、「瘦狗」業務和問題業務。

明星業務顯然具有最優質的盈利效率，是公司盈利成長的重心所在；「金牛」業務具有成熟期的產品屬性，是公司盈利點的基本盤；「瘦狗」業務則是做減法的關注對象；問題業

務則需要在診斷分析後進行產品屬性改造或調整,重新定義產品的領先策略,是盈利效率成長潛力的觀察對象。

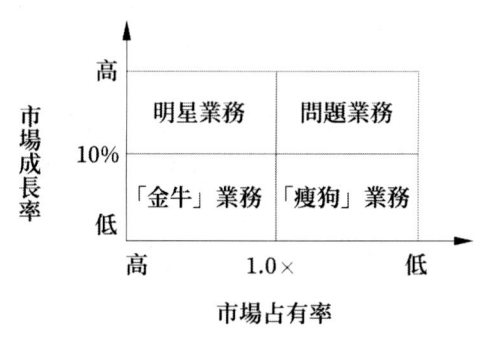

圖 6-5 波士頓矩陣

根據客戶盈利效率的現狀調整公司的盈利點分布,可參照麥肯錫客戶盈利性矩陣(見圖 6-6),透過對公司不同客戶的平均淨收益和平均服務成本兩個關鍵要素組合進行分析,預測並區分不同類別客戶的盈利效率,由此發現最有盈利性的目標客戶群,然後集中力量擴大盈利規模。

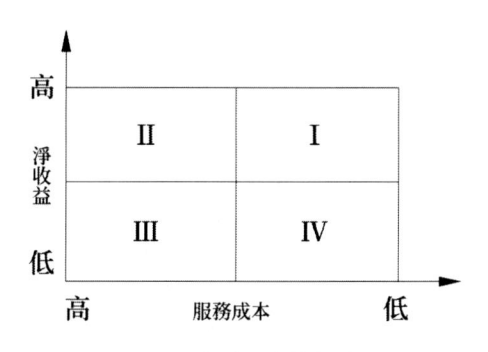

圖 6-6 客戶盈利性矩陣

客戶盈利性矩陣圖將公司客戶分為 4 類：富有主顧；被動買主；廉價商品部；主動買主。圖 6-6 中處於對角線上方的客戶，是公司需要重點關注的盈利效率比較高的客戶。被動買主，顯然是最有盈利效率的群體，是公司首要關注的盈利重點；富有主顧與廉價商品部，則是盈利效率成長的潛力族群，需要提高客戶的購買黏性，並對服務成本的結構進行分析，控制關鍵環節，提高標準化服務的可能性以降低成本，同時透過產品的品類分化策略，推出有針對性的產品引導客戶移動到 II 區；主動買主，是做減法的關注對象。

主動性分布

主動性分布有兩種情形：一種是從被動性分布狀態中察覺到市場的趨勢性走向，主動進行策略反思並調整盈利點分布的當前格局，這也是大部分公司願意採取的一種較為穩健的策略；另一種情形則是在顛覆性策略重構的背景下，公司領導人發現新市場隱藏著利潤窪地或者認為原有市場已經完全沒有潛力，並且確定公司的能力圈可以支撐轉型的落實行動，因而拋棄原有業務轉向建構新的盈利體系。當然，這種情況所要承受的風險比較大。

PART3
利潤塔應用

第 7 章　如何應用利潤塔重構價值

7.1　更新盈利模式

透過利潤模型的策略應用，可以最佳化企業現有的盈利模式並大幅提升盈利效率，或者對當前的盈利模式進行創造性的重構，得到科學的真正屬於自己的盈利模式。

利潤模型

利潤塔的底層基石是利潤模型。

利潤模型是盈利策略應用的思考工具。其特指與企業策略定義相搭配的，用以提升盈利效率的標準化策略組合，主要包括能力圈構成、利潤主線界定與盈利點分布三大要素，是利潤塔的底座。

在利潤模型中，利潤主線界定之後便不能隨意變動，是相對固定的靜態要素；盈利點分布則是增量型的動態要素，不斷從指標最佳化中生成；能力圈構成的現狀是靜態要素，但在經營過程中隨時間推移會不斷發生變化，又是具有較高不確定性的動態要素，其主要與能力圈構成的五大力量要素的圈層變化緊密關聯。

盈利模式

盈利模式是指企業獲取利潤的標準形式。

每一個企業都存在既有的盈利模式,也就是依託現有的業務執行體系獲得營業收入,除去整體營運成本後形成利潤結餘,可按月、季、年度統計盈利結果,是一個不斷循環的價值生成過程。

大部分企業的盈利模式都是關注短、中期利潤收益,但卓越的盈利模式是建立在業務大規模化的基礎上,以成熟穩定的市場份額或技術領導者地位,占據長期可永續的商業利潤空間。在實現這個目標以前,企業可以持續處於不盈利的狀態,通常需要機構投資「燒錢」來支撐其營運邏輯。

優秀的盈利模式,可以讓人們清晰地看見業務規模化發展的路徑,以及企業未來的想像空間;而普通的盈利模式,則很容易看到企業的能力圈邊界,很難實現市場的規模化複製與拓展,公司未來的發展不確定性比較大,難以獲得專業投資人的關注。

更新盈利模式

利潤模型不等於盈利模式。

盈利模式是顯性存在的執行體系,利潤模型則是隱性存在的思考工具。

許多公司在盈利模式的設計上，經常面臨長時間漫無邊際的摸索過程，很容易因為不恰當的案例借用替自己挖下陷阱。不同企業的成功都具有一定的偶然性，也都隱藏著不為人知的歷史發展現實，隨便模仿很有可能會掉入人家的坑裡去。

應用利潤塔的利潤模型更新盈利模式的基本次序如下。

(A) 利潤主線界定。根據策略定義的產業屬性、公司當前的產品屬性，以及公司現階段的業務能力，選定相搭配的一個利潤主線模型。

(B) 盈利點分布。根據當前的產品盈利效率、客戶盈利效率與現金流管理效率的現狀，整理出符合利潤主線路徑的主力產品或專案，提煉其盈利規律，再指導盈利點分布做加法；或者研發具有針對性的產品投放目標市場，在市場驗證過程中提升其盈利效率，形成模式化，然後進行增量分布。

(C) 能力圈構成。根據利潤主線及盈利點分布的要求，調整能力圈結構並擬訂成長計畫，先建構穩定的執行能力基礎，再定向更新提高整體獲利能力。

經由以上 3 個步驟，再有針對性地強化行銷力，可得到一個可操作的屬於自己的盈利模式，而不是靠借鑑、模仿或是猜想得出的理論結果。

永續性盈利路線

絕大部分創業者是憑藉本能、直覺、經驗來思考自己的盈利模式的，這也是為什麼企業的平均壽命只有 2.9 年的根本原因。

從自發盈利到有序盈利，再到永續性盈利的盈利路線，是一個具有實戰性的邏輯挑戰，除非是經歷了多次成敗的連續創業者，否則一般的創業者很難在有限的時間與空間裡實現專業化層面的跨越，大都還未醒悟過來就已經倒下了。利潤塔的系統思考工具，可為中小企業的創業者提供一個新的實戰應用工具，有助於減少摸索的時間。

7.2 新商業模式

新商業模式的核心是重構價值鏈執行體系，包括產業價值鏈與公司內在價值鏈。重構不是完全的顛覆，而是一種最佳化與升級，化解企業價值生成的某些障礙環節或進行要素的組合升級，以提高企業價值創造的整體效率。

許多偉大的商業成就，大都起源於創始人的一個創意或想法，這帶有某種偶然性。不過，從偶然成為必然，則要經歷千錘百鍊的考驗。

那些成功的商業模式，被人擺在案頭津津樂道，人們看到的大多是時間沉澱下來的表象概述，僅適用於開闊視野。

大部分情況下，中小企業簡單仿照已功成名就的典型案例的做法是行不通的。

價值鏈管理大師麥可·波特（Michael Porter）認為：「每一個企業都是在設計、生產、銷售、發送和輔助其產品的過程中進行種種活動的集合體。所有這些活動可以用一個價值鏈來表示。」企業的價值創造主要由基本活動和輔助活動構成。基本活動包括內部後勤、生產作業、外部後勤、市場和銷售、服務等；輔助活動則包括採購、技術開發、人力資源管理和企業基礎設施等。這些雖不相同卻相互關聯的生產經營活動，構成了一個創造價值的動態過程，即價值鏈。

波特指出，企業與企業的競爭，不只是某個環節的競爭，而是整個價值鏈的競爭，而且整個價值鏈的綜合競爭力決定了企業的競爭力。

重構價值鏈

產業價值鏈是指產業鏈的上、下游，如原料供應、產品生產與終端銷售等產生不同價值的環節，按其業務執行方式會有很大差別，會形成各自不同的價值執行邏輯。我們需要透過分析產業價值鏈上、下游各環節的價值結構與變遷趨勢，區分不同環節價值活動的重要性次序，從產業層面出發，為公司尋找未來擁有更高價值的成長空間，建構適合自己的內在價值鏈執行體系。

第 7 章　如何應用利潤塔重構價值

好的商業模式是以產業價值鏈為背景，對公司內在價值鏈執行體系進行最佳化與進化，可以從價值的起點、執行邏輯與商業結果三方面簡要說明。

1. 價值起點

不同的產業，其屬性及細分領域也大有不同，如農業、製造業、零售業、娛樂業等產業，其價值創造活動所帶來的現金流、利潤與經營收入方式會有很大的不同，因而對公司的能力圈構成也會有不一樣的要求。

產品是公司所有價值創造活動的起點，優秀商業模式的價值起點則來自定位清晰、適合自己的產品領先策略。

2. 執行邏輯

從價值起點啟動公司經營行為，圍繞「永續性規模化的價值創造」這一命題展開內在價值鏈的執行邏輯，其中兩個關鍵詞是「永續性」和「規模化」。

對於永續性，從長遠來看，需要依靠盈利性的現金創造能力支撐。這需要以公司當前的盈利模式為基礎，應用利潤模型對其進行升級或重構，增強公司面向產業未來發展的盈利能力及其永續性。

對於規模化，則要藉助資本的力量，最大程度地實現公司價值的規模化加速，這就要求我們必須遵循符合資本邏輯

的思考流程進行有序的盈利性價值創造活動，避免盲目規模化的風險。

符合資本邏輯的思考流程，其重要支點是「最小經濟單元」的模範打造，準確地說，是可進行規模化複製的「標準化經營單元範本」，即公司能力圈足以支撐的最佳單體樣本，也是專業投資人關注的焦點。

打造公司最小經營單元的思考流程有以下 3 個步驟。

(1) 0～1 的階段

0～1 的階段需要踐行「設想 —— 驗證 —— 定型」的實踐邏輯，直到經營單元實現所設定的營運目標或盈利指標。在這個過程中，有的要經歷幾年痛苦的失敗輪迴後，才有可能得到初始的樣本 Demo 1。據統計，一家創業公司平均至少需要 18 個月才能找到屬於自己的可靠模型（Demo 1 就是單元模範的初始線條呈現）。

(2) 1～10～100 的階段

這一階段需要踐行「最佳化 —— 固化」的執行邏輯。

分解來看，在 1～10 的過程中，解析初始 Demo 1 獲得成功的偶然性與必然性因素，精簡其中每一項工作流程，進行標準化提煉最佳化，為規模化營運提供更為高效的流程設計，找出可能導致失控的環節，測試組織管理的薄弱環節。

在 10～100 的小規模放大過程中，為進一步地快速規模化放大做準備，包括體系管理、人才、資金與資源等。

該階段是關鍵階段，透過小批次複製觀察、分析其失敗與成功的進行程序，沉澱出最穩定的工作流程構成要素，保留符合公司價值觀的必要工作環節，對經營單元的效能模型進行固化，定義出 Demo 2。至此完成規模化複製的基礎，也是公司內在價值鏈 DNA 的成形階段。

(3) 正式 D-N 的規模化複製階段

這個階段，是指公司進入以 Demo 2 為標準化模範進行快速規模化複製的擴張時期。在這個階段，公司的成長邏輯已經被充分驗證，是風險投資介入的最好時期，並且公司的估值也會有很好的表現。

不過，為預防同業競爭的潛在風險，這一時期需要探索模範「進化」的可能性，以應對有可能到來的市場抄襲行為。

在上述思考流程中，貫穿兩條具有遞進關係的基本邏輯線：一條是「設想──驗證──定型」的實踐邏輯線；另一條是「最佳化──固化──進化」的執行升級邏輯線。

3. 商業結果

每一家公司商業模式的背後都有一個「你想改變什麼」的意志在發揮作用，改變願景越大，可能成就的商業結果就會

越大。當然,僅憑藉空想是沒有用的,商業結果是公司在策略方向上持續推進的產物。

從改變自己開始,立足自身擅長的領域,整理公司內在價值創造重要環節的效能改善,即內在價值鏈執行效能,提升現金流的創造能力,增強公司的核心競爭力,這是公司成功經營的結果。

當公司站穩腳跟後,要想獲得更大的成功,就必須洞察行業的未來發展趨勢,尋找更高價值的成長空間,基於公司的核心競爭力,努力在策略定義的方向上獲得某一方面的制高點優勢,如原料上的成本優勢、技術上的發明專利等,以此重建公司內在價值鏈環節的重要次序,進而對產業價值鏈的某一執行環節施加決定性的影響或獲得一定的定價話語權,引領改變行業的格局。

至於改變世界,每一次都是技術變革驅動商業結果所帶來的。

商業模式的形成是一個自然推演的過程,而不是一蹴而就的設計。

一家成功的公司,並不一定非要有特別出眾的商業模式。全球數萬家的上市公司中,真正因創造了獨特商業模式而成功的公司只是少數。

現如今,絕大部分成功的公司最初學會的都是如何盯準

客戶,拿出有競爭力的產品從殘酷的市場中生存下來。

所謂的商業模式,都是在日復一日、年復一年的業務執行活動中,在不斷推動公司系統最佳化、培植自身實力、走向規模化價值創造的過程中累積而成的。

推演商業模式的作用,是讓公司盡可能少走彎路,盡可能用同樣的努力實現更好的商業結果,抵達不一樣的高度。

關於新商業模式,首先,要以公司業務執行的收支閉環,即當前的盈利模式為基礎;其次,從產業邏輯的整體視角展開,找到屬於自己的高價值成長空間;最後,為占領目標空間,建構未來型的價值鏈解決方案。

由此,新商業模式的定義可歸結為:以公司當前的盈利模式為基礎,為實現更高價值的成長空間,建構面向產業未來的價值鏈執行體系。

價值根基

公司的價值創造活動整體而言,由產生現金流、利潤與經營收入3個部分構成,其中最重要的是現金流創造與管理,構成了商業模式的價值根基。

正所謂「巧婦難為無米之炊」,我們都知道現金流的重要性,一家帳面虧損的公司並不一定會死,只要經營性的淨現金流持續為正,就仍有發展的潛力。但如果公司的現金流持

續枯竭下去，哪怕帳面上的利潤很高也無濟於事。

現金流可分為內生性與外源性兩種。

內生性的現金流是指公司透過內在的業務經營活動創造現金流，一方面增加現金流，如押金、訂單預收款、產品銷售款、供應商資金占用、品牌及專利授權收益、交易體系等帶來的可用流動資金；另一方面，透過提高組織管理能力降低現金流消耗，如減少庫存、降低營運成本、提高生產效率等。結合這兩個方面的一系列經營行為提高公司現金流規模。

外源性現金流則是指利用公司的資產、資源或資本價值獲取外部資金，如資產出售與聯營、策略性資源合作、公司上市、股權融資、債權融資等外部的資本運作增加現金流。

充足的現金流為公司的價值創造活動提供了永續性的保障。現金流的增量能力從長遠來看，要以公司的盈利性現金創造能力為基礎支撐，否則不可永續。

本質上，公司價值的成長空間及其永續性，是由公司的現金流規模所決定。因而，商業模式的層次大體可劃分為：

一流的商業模式，看未來的現金流規模。

二流的商業模式，看未來的利潤規模。

三流的商業模式，看營收規模。

第 7 章　如何應用利潤塔重構價值

利潤塔推演新商業模式

　　前文中，我們將新商業模式定義為以公司當前的盈利模式為基礎，為實現更高價值的成長空間，建構面向產業未來的價值鏈執行體系。

　　新商業模式的形成，可由構成利潤塔的 4 個必然要素包括策略定義、能力圈構成、利潤主線界定與盈利點分布的交叉推演而得。

　　透過利潤塔的基石——利潤模型（包括能力圈構成、利潤主線界定與盈利點分布）的策略應用，可最佳化企業現有的盈利模式並大幅提升盈利效率，或者對當前的盈利模式進行創造性的重構，得到科學的真正屬於自己的盈利模式。

　　透過策略定義明確方向，能力圈構成決定當前有能力做的事，利潤主線界定路徑的取捨讓公司集中優勢力量，確保行走在正確的方向上，做自己有能力做的事，攻占公司重新定義的高價值目標市場。

　　公司圍繞以「客戶價值」為前端的利潤主線布局，透過執行體系「管理價值」的後端效率加成，在面向產業未來的策略定義指向上，呈現公司具有永續性規模化的營運能力，奠定商業模式從整體構想到策略落實的可實現執行，獲得資本價值上的極大跨越。

　　總之，應用利潤塔推演一流的新商業模式，是以現金流

PART3　利潤塔應用

創造為導向，為達成「未來在資本市場上有想像空間」的產業策略目標，建立公司內在價值鏈的中心秩序（見圖 7-1），並以此指導內在價值鏈各主要環節拆解成更小的顆粒環節，進一步整理顆粒環節的價值組成要素，從而有效管控價值創造環節的全流程，透過體系化管理能力提升公司的盈利規模與盈利效率，以實現更高價值的成長空間。

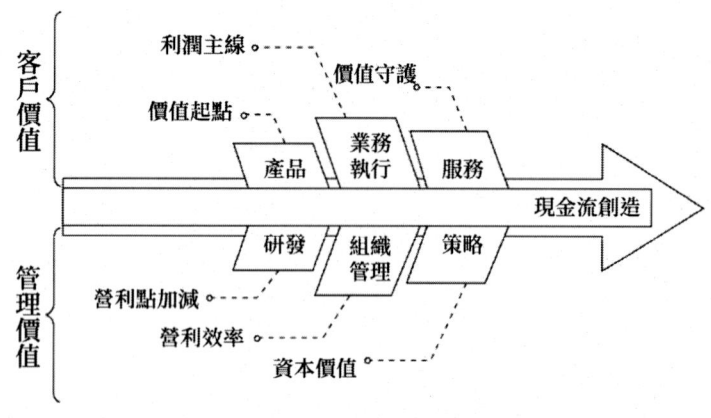

圖 7-1 公司內在價值鏈的中心秩序

在全球資本市場上，能持續占據龐大現金流規模的商業模式，有極大機率成為獨角獸類型以上的高市值公司。特別是那些千億，甚至是兆市值規模以上的龍頭公司。比較典型的有網路平臺類、金融科技類、大型終端連鎖類、全產業鏈營運類等天然占據現金流入口或上游環節的專案公司，還有那些市場體量龐大的超級賽道，如新能源、產業數位化等，也能培育出高市值的公司。

透過預見公司的商業模式在市場成熟期可實現的持續現金流規模，以及公司執行體系將對整條產業鏈交易性現金流帶來的影響力規模，可預測公司未來可能存在的龐大商業價值潛力。

中小企業打造商業模式的三大基本要求

中小企業自身實力普遍不夠強大，在正常情況下，其發展週期較長，未來的不確定性也相對較大，如若無法建構獨特的或更高價值的新商業模式，就不能透過資本力量的投放讓其擁有快速成長的極大潛力，那麼專案的投資價值將會大大降低。對於大部分中小企業來說，打造一個有吸引力的商業模式需要滿足以下三項基本要求：

- 聚：足夠聚焦。
- 簡：足夠簡單。
- 能：足夠的目標實現能力。

1. 聚：足夠聚焦

中小企業要足夠聚焦，只有專注於某一條細分賽道，才有可能實現業績的快速成長，讓公司具有市場穿透力，從而變得更有價值。如果企業本身實力還不夠強大，想做的事情又多，再兵分多處，使有限的時間、人才、資金等資源被稀

釋，公司如何能快速發展壯大呢？

絕大部分中小企業不值錢的原因無非是：雜而不專、大而不精、精而不優。無法成為行業內數一數二的公司，或者不具有獨特的市場價值，難以產生真正的投資價值。

2. 簡：足夠簡單

公司的商業邏輯要足夠簡單，包括盈利模式與商業模式都要簡潔且有資料支撐，可讓投資者一眼看到未來的價值成長空間。在看似簡單的成長邏輯中，構築不可替代的領先優勢及其核心競爭力，逐漸成為細分賽道的領跑者。

有些創業者會把商業模式設計得比較複雜，甚至讓人難以理解，這會阻礙公司價值的實現。還有些創業者會有「拐個彎」的策略設想，打算透過一個業務先把目標客戶的流量做起來，再透過後續其他產品或服務變現。如此想法，也許在增量時代是可行的，但在存量競爭的背景下，就無異於自尋死路。「拐個彎」營運等於把未來的不確定性放大了數倍，讓公司的投資風險劇增。

3. 能：足夠的目標實現能力

中小企業的創始團隊是否具有目標管理及其實現能力，決定了公司價值能否持續成長，否則所有的商業設計，都只是一句空話。

7.3 塔式架構

利潤塔透過對必然要素塔式架構的有效整理，建立起公司執行的中心秩序，重構適合自己的成長基因，讓公司在策略定義的方向上集中優勢力量獲得突破，避免結構性的消耗，指引價值創造的永續性走向。利潤塔架構如圖 7-2 所示。

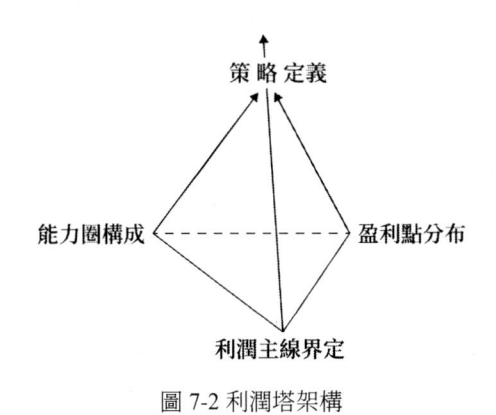

圖 7-2 利潤塔架構

利潤塔四大要素的核心要義如下。

(1) 策略定義

處於塔尖位置，指引航向。明確公司邊界。明確 1 年、3 年、5 年策略發展目標，設定里程碑。

(2) 能力圈構成

公司策略推進的解題能力，由認知、設計、參與者、行動力與資源五大力量構成，包括個體與集體認知的統合，局

PART3　利潤塔應用

部與系統設計的統合，所有參與者力量與資源的統合，公司目標與里程碑達成的行動力統合，創始人的野心與公司成員創業精神的統合等，推動公司成為產業未來的領導者。

(3) 利潤主線界定

界定產品領先策略，選擇適合自己的利潤分型，指導公司選擇哪一條路徑實現策略發展目標。

(4) 盈利點分布

提升企業盈利效率，實現永續性的價值創造，透過先減後加的方法論，避免經營分裂症以及低效能的執行方式。

建構次序

應用利潤塔建立公司執行的中心秩序，重構適合自己的成長基因，需要遵循基本的建構次序，如圖 7-3 所示。

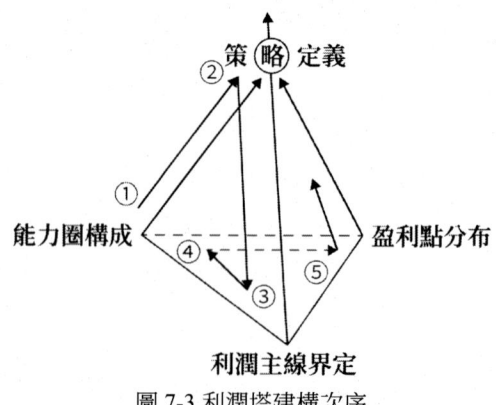

圖 7-3 利潤塔建構次序

第 7 章　如何應用利潤塔重構價值

利潤塔構型以創始人「問心」為起點，最終回到策略的「有果」，實現四大要素的塔式建構。

①問心。創始人及其創始團隊的初心與野心是什麼？自己的能力優勢及劣勢是什麼？公司實現資本價值的意義又是什麼？

通常，情懷深種的奮鬥者會有足夠的心力堅持下去，而僅僅為了幾兩碎銀的創業者，在中途遭遇挫折時，選擇放棄的機率就大多了。

②定向。明確企業 1 年、3 年、5 年的策略發展目標，彙集企業力量朝正確的方向奔跑。

策略定義，就像企業的「生辰八字」一樣，決定了業務的市場潛在空間是走向狹長的胡同，還是遼闊的草原，也將決定企業未來在資本市場上的商業想像空間——這個空間由專業投資人決定。許多公司從一開始就選錯了策略方向，專心致志地在一個小池塘中浴血奮鬥，孰不知自己從一開始就走錯了路，與專業投資人站在兩個互不相交的位面上。等到後期想要藉助資本的力量發展時，才發現這種可能性微乎其微，或者說轉型的代價非常昂貴。

③選路徑。公司在「定向」後，要選擇走哪一條適合自己的路徑，需要綜合總體經濟、產業屬性以及產品的屬性判定，可參照利潤主線模型庫中所提供的不同分型進行選擇。打個比

方，公司既定的策略方向是去紐約，利潤主線則表示要從海、陸、空等路徑中選擇一條適合自己的，然後擬訂行程計畫。

④我能。通俗地說，就是我有能力走到目的地，在選定的策略方向與路徑上持續向前。

公司應統合能力圈構成的五大力量支撐當前的發展規畫，實現公司未來 1 年、3 年、5 年策略發展目標。與此同時，公司應透過不斷升級團隊能力圈構成驅動策略升級更新，為未來的發展儲備足夠的行動力量。

⑤有果。「有果」是指盈利點分布提升公司盈利成果，使其回到策略定義的方向上，推動公司資本價值的實現。

根據當前業務活動的經營收入結果，分析產品盈利效率、客戶盈利效率，以及現金流管理效率，按利潤塔的邏輯要求，穩步增加符合盈利點分布要求的產品與專案數量，促使盈利規模持續放大，加速實現商業模式的可見成果，讓公司的資本價值得以最大化呈現。

成長算式

利潤塔構型建成後，為更好地應用於公司經營，還需要對四個必然要素的成長關聯性進行簡要分析。

其中，有兩個必然要素是相對固定的：一是策略定義的方向，若非公司進行策略轉型，則基本上不變；二是盈利點

第 7 章　如何應用利潤塔重構價值

分布的規則,透過對產品盈利效率、客戶盈利效率與現金流管理效率三個資料進行解析後歸結而成,即使可能會有修正,也是相對固定的。

能力圈構成這個必然要素始終是動態的,若要保持向上成長的態勢,公司就需要不斷維持足夠的推動力並形成良好的管理秩序,否則在能力圈構成五大力量的交叉影響下,公司能力圈構成的力量有可能上下浮動。

利潤主線界定則是介於動靜之間:一方面,當公司界定好利潤主線之後,其定位就處於相對固定狀態;另一方面,由於利潤主線所界定的策略能力會跟隨公司能力圈的變化而變化,若公司的能力圈構成向上成長,則利潤主線所界定的策略能力也同步向上成長,反之亦然。

因而,利潤塔成長趨勢圖(見圖 7-4)就呈現出以能力圈構成為主導的力量推進結構,展現出公司價值的前進方式。

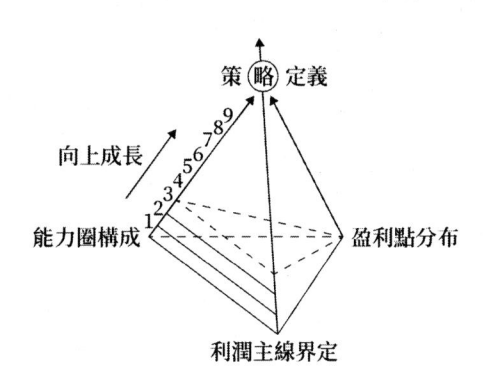

圖 7-4 利潤塔成長趨勢

7.4 破局點

不同層面的破局點，除了要考慮全局的背景外，最重要的還是要考量企業當前的能力圈構成，特別是人才團隊、資金及相關資源的搭配等問題。否則，很容易陷入策略雖很高階，但結果卻很低階的境地。

破局三環理念

利潤塔為公司經營提供了一種全新的理念邏輯，有助於讓創業者在經營過程中提高思考效率，從而加快公司的直線成長速度。當公司發展遭遇瓶頸時，可藉助破局點，助力公司實現新的跨越。

尋找破局點是一個燒腦的過程。它考驗的是創業者與時俱進的認知能力、系統性思維，以及對商業邏輯思考的穿透力。所有突破性策略的實施都與公司的能力圈構成息息相關，再好的破局點如果無法落實，也是枉然。

優秀的企業家把破局點建立在對以下三個主要方面的深度思考上，我們把它稱為破局三環，如圖 7-5 所示。

第 7 章　如何應用利潤塔重構價值

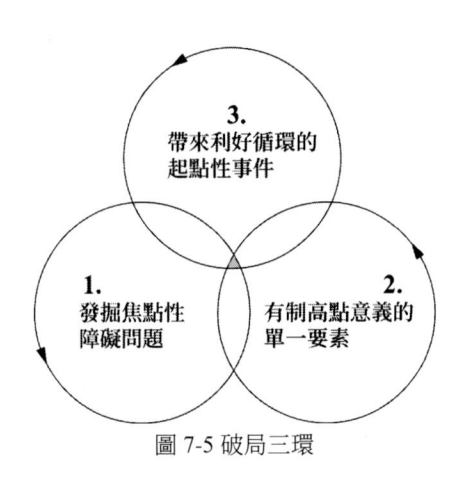

圖 7-5 破局三環

破局三環是一個相輔相成的遞進關係。首先，透過對焦點問題的解析洞察影響全局的單一要素；其次，圍繞「如何讓單一要素快速成長」這一問題，設計、測試不同的解決方案，直到出現一個能帶來利好循環的起點性事件——破局點；最後，集中力量將其有序放大，最終解決發展的障礙，或是利潤的突破性成長問題。

三個不同維度的破局

我們透過虛擬產品、實體產品及零售連鎖企業三個不同領域的案例，從不同維度解析破局三環的邏輯。

1. 虛擬產品領域（以微信支付為例）

2014 年之前，騰訊在支付領域一直無法抗衡阿里巴巴的支付寶，問題在於使用者的使用頻次過低。

透過分析可以發現，在這一案例中「有制高點意義的單一要素」，即花費使用者社交的互動性。微信 APP 本質上是因為使用者分享的互動性獲得成功的，那麼微信支付應採用什麼樣的解決方案，才能讓使用者在「金錢」上發生社交互動呢？

當然，微信支付花費了很長時間，做了各式各樣的嘗試，最後或許是偶然因素觸發了「發紅包」這個能帶來利好循環的起點性事件，焦點問題出現了破解信號，也就是破局點出現了。此後，騰訊團隊對「發紅包」這個能帶來自循環成長的應用進行不斷測試、最佳化，並積蓄力量，藉 2015 年春節時機，成功引爆破局點，讓傳統「發紅包」的習俗在微信支付上得以實現。

微信支付的破局三環解析：

第 1 環：發掘具有焦點性的障礙問題。

問題發掘：使用者使用頻次低。

應對方法：須透過「腦力激盪」尋找最好的切入點。這時候，須運用第 2 環的條件篩選並發現合適的可能方案。

第 2 環：發現有制高點意義的單一要素。

要素發現：互動性。

滿足條件：在使用者社交過程中，具有高頻互動性的行為。

第 3 環：等待起點性事件出現。

行為思考：與錢有關的互動性＋傳統習俗＝發紅包。

解決方案：如何在虛擬場景下實現「發紅包」行為的互動性。

事件發生：「發紅包」軟體啟用，出現破局效應。

2. 實體產品領域（以蘋果的 iPod 為例）

2001 年以前，蘋果品牌並不為大眾所熟知，直至賈伯斯（Steve Jobs）重回蘋果，帶領團隊在 2001 年 10 月推出 iPod（數位多媒體播放器）。這在當時引起了轟動，打響了蘋果重新崛起的第一槍。

iPod 的破局三環解析：

第 1 環：發掘具有焦點性的障礙問題。

問題發掘：容量太小。

應對方法：推動技術研發，增加歌曲容量，把 1,000 首歌裝進口袋，解決了「儲存容量」這一使用者關注的焦點，讓 iPod 與其他競爭產品區分開。

第 2 環：發現有制高點意義的單一要素。

要素發現：外觀設計。

流行條件：如果只是滿足第 1 環的方法，那麼競爭優勢不持久，不具有壁壘性。iPod 是消費類產品，外觀的突破是

吸引使用者購買注意力的制高點要素，賈伯斯運用「極簡」理念，從內到外進行史無前例的顛覆式設計，引領全球消費電子的設計潮流，超脫於競爭之上。

第 3 環：等待起點性事件出現。

行為思考：容量延展（軟體）＋外觀進化（硬體）＋便利性＝流行。

解決方案：開發 iTunes Store 軟體應用程式。

管理 iPod 當中下載的內容，隨後延展開發 iTunes Store，提供一系列多媒體應用套件，不斷為使用者帶來更為豐富的體驗及便利性，產生永續性的使用者黏性。

事件發生：推出 iTunes Store，出現破局效應。

3. 藥店零售連鎖領域（以美國的沃爾格林為例）

2020 年 1 月，「全球最具價值品牌 500 強」榜單公布，沃爾格林排名第 124。2022 年初，沃爾格林升至第 97 位，同時列美國品牌價值榜第 49 位，品牌價值達 198.86 億美元，年成長率為 22.3%。

沃爾格林於 1901 年從美國芝加哥一個家庭式小店起步，經過 120 年的發展，如今已成為全球最大的藥品零售企業之一。

回顧 1975 ── 2000 年這段關鍵時期，沃爾格林獲得了

第 7 章 如何應用利潤塔重構價值

超過市場價值 15 倍的累積股票收益率，輕鬆打敗了像奇異、可口可樂和英特爾公司這樣強勁的對手。在此期間，投資 1 美元購買沃爾格林股票，可獲得 562 美元的回報。對於一個默默無聞，甚至被人輕視的公司，能獲得這樣的業績，實在引人矚目。

在長達四十多年的發展歷程中，沃爾格林始終堅持簡單的核心經營理念，不斷調整、最佳化經營行為的一致性，建立起牢不可破的核心競爭力，逐漸超越所有的競爭對手，成為全球藥品零售領域最賺錢的公司。沃爾格林的突破策略是適用破局三環理論的經典案例。

以下用破局三環的理論解析一下沃爾格林是如何不斷實現穩健破局，並保持永續性盈利成長的。

沃爾格林的破局三環解析：

第 1 環：發掘具有焦點性的障礙問題。

問題發掘：藥店客流量少。

應對方法：店面位置影響顧客進店，將店址更換至顧客能夠很容易從多個方向進出的拐角處。

最極致的做法是在 1999 年，沃爾格林花費 120 萬美元將一家 20 年老店遷至街角，僅與之前隔了兩家店面的距離，結果顯示該店的營業額出現了大幅成長。

第 2 環：發現有制高點意義的單一要素。

要素發現：單位顧客光顧利潤。

實現方式：貼近客戶需求，增加高回報服務項目。

為提高單位顧客光顧利潤的核心目標，沃爾格林致力於提供更貼心的服務體驗鎖定顧客，不斷推出新的服務及商品。此外，將店面打造成用於滿足顧客選購日常生活必需品的區域。

第 3 環：等待帶來利好循環的起點性事件出現。

事件發生：率先採用顧客開車進店買藥的方式。

簡單複製：沃爾格林發現顧客喜歡開車進店買藥，因此星羅棋布地開設了多家店鋪，其目的是顧客無須穿越多個街區才能到達一家沃爾格林藥店。

目前，沃爾格林在全球 11 個國家有超過 1.85 萬家藥店，其中在美國的門市數量約 1 萬家。

三環遞進：不斷解決店址便利性的問題，吸引更多的顧客光臨，透過提供更好的服務鎖定顧客。在這一過程中，透過增加高回報服務項目，提高單位顧客的光顧利潤，實現企業穩健的利潤收益。最終，沃爾格林發現顧客喜歡開車進店買藥的起點性事件，能夠為藥店帶來更大的流量與利潤的利好循環，於是集中力量改造，實現更大層面上的利潤破局，為企業帶來了穩健、永續性的利潤成長空間。

第 7 章　如何應用利潤塔重構價值

　　從以上 3 個案例中，我們可以發現，不同行業領域的企業產品不一樣，市場競爭環境不同，所要面對的問題與障礙基本上各不相同，其解決問題的策略也沒有什麼可通用性。因此，如若對行業的案例學習停留在事物的表面上，並不能為企業帶來多少實質性的幫助，反而可能會因為個人的認知或解讀方式不對產生負面的結果。破局三環理論的提出，使得不同企業或處在不同的發展週期的企業在面對不同的問題與障礙時，擁有統一的公式化解題工具，可以從新的角度思考並解決問題。

　　在破局三環的理念中，第 3 環是最為關鍵的一環──帶來利好循環的起點性事件，它以前面的雙環為基礎，通常被稱為破局點。破局點有大有小，有的是全局層面的，也有的是局部的。不同層面的破局點，除了要整體考慮全局的背景外，還需要考量企業當前的能力圈構成，特別是人才團隊、資金及相關資源的搭配等系統實施問題。否則，很容易陷入策略雖很高階，而結果卻很低階的境地。

　　整體來說，破局三環理論可以用於解決全局性的策略問題，也可以應用成為策略性的解題思考工具，其核心目的是找到破解當前問題或困局的關鍵點，實現突破性的跨越。

PART3　利潤塔應用

PART4
利潤塔與新資本價值

PART4　利潤塔與新資本價值

第 8 章　新資本趨勢

1946 年，世界上第一家專業風險投資公司──美國研發公司（ARD），由喬治（Georges Doriots）在美國創立。誰也沒想到，ARD 的投資行為後來對全球中小企業的創業方式產生了深遠影響。ARD 在成立後的 25 年時間裡，平均年收益率為 14.7%。ARD 最經典的投資案例是 1957 年投資 7 萬美元給數位設備公司（Digital Equipment Company，DEC）。1971 年退出時，ARD 累計獲利 3.55 億美元，達到 5,000 倍的驚人回報。

ARD 成立後的 10 年多當中，風險投資開始生根發芽，逐漸成為中小企業發展的新的推動力。美國於 1958 年推出《小企業投資法》，隨後誕生了數百家風險投資公司。以矽谷為中心，催生了大量的國際知名公司，包括英特爾、蘋果、臉書、Google、亞馬遜、推特等，風險投資行業在數十年的時間裡蓬勃發展。由此，風險投資的足跡也逐漸從美國走向了全世界。

最先進入中國市場的外商風投基金是 IDG 公司。2000 年，軟銀中國資本成立。高瓴資本與紅杉資本中國基金成立於 2005 年。世界最大的風投基金 KPCB 則在 2007 年宣布

正式在中國落地。此後,國際著名的風險投資機構,包括經緯資本等,也入駐中國,推動了中國風險投資行業的快速發展,也成就了大量的現象級公司,如新浪、BAT、TMDJ等代表中國新生代網路經濟的龍頭企業。

伴隨2009年中國A股創業板的出現,以及之後的兩、三年內大量公司在海內外上市,中國創投界迎來了一場全民股權投資的盛宴,這也為天使投資的熱潮拉開序幕。不過,這樣高歌猛進的日子在2015年8月戛然而止,以美股與A股為代表的全球股市暴跌,衝垮了風險投資的變現通道,全球創投行業開始進入理性盤整的低潮期並延續至今,投資邏輯開始向價值投資回歸。這一時期,風險投資逐漸向龍頭集中。值得注意的是,以騰訊投資為代表的網路CVC(企業風險投資基金)異軍突起,於2011年後迎來了快速成長期。

許多成功穿越谷底的投資基金管理人,篩選與輔導專案的能力在迅速上升,風險資本的投向從過去的分散狀態日趨走向集中狀態,對專案的經營及技術能力的要求越來越高。被投專案公司普遍在競爭占有、先進技術、高階製造,以及產業鏈整合等方面擁有更強的能力優勢,也更具有市場的攻擊力。

當前,隨著A股註冊制的實質性推進,上市公司的數量急劇爆發。與此同時,北交所開市及港股開啟SPAC,也為

中國多層次的資本市場開啟了全新的通道。

優勝劣汰是自然規律，但在全球資本力量的推動下，創業公司之間的生死競賽將不斷提速。

地球「變」平了

眾所周知，我們已進入全球化的資訊社會，各個領域的數位化過程突飛猛進。

當前，資訊科技的發展已進入 5G 行動互聯時期，全球正因資訊互動的日益加速而變得更加透明。各國繁榮的電商大軍，如美國的亞馬遜，以及散布全球各個角落的電商平臺，把世界變成一個無差別的線上貿易市集，瓦解了傳統商業的地域局限。在這樣的背景下，層出不窮的好創意與有效的操作方法會在瞬間、無差別地傳遞出去，市場競爭手段開始趨向平行化，新玩法的擴散速度越來越快，大量鮮活的案例片段從親歷者的角度被分享出來，或被快速地複製出去，創業認知在碎片化傳播的同時也變得越來越同質化，導致商業模式的創新與獨特性變得越來越困難，人們正在遭遇一個全面同質化的創業平原時期。

也許，某些資訊不對稱的小山丘短期內還能存在，但是隨著時間的推移，資訊革命的步伐將踏平所有的樊籬，全方位消除過去受限於空間的交易環境（包括農村的線下購物行

為），只要交通與網路的基礎設施沒有問題，那麼幾乎所有的商業交易與購物行為都將網路化，包括不動產及大型設備等過去依靠線下交易的大件商品也會逐漸遷往線上。線下體驗將成為網路化的另一種延伸與附著，而離線的平臺，例如傳統的汽車、家電等，則會逐漸被行動網路完全顛覆，成為新的智慧生態產品。

網路的全球化發展伴隨人工智慧、5G、區塊鏈等新技術的應用與普及，觸發商業底層邏輯發生平行性的嬗變，如今的地球徹底變「平」了。

8.1　資本加速「屠殺」平庸的創業者

商業環境的平原化，有利於風險資本興風作浪。凡在資本覬覦的視線內，人們划槳濺起的水花，都有可能成為普通創業者的巨浪。

伴隨長年追逐的過往累積，保險資金的視野越來越開闊，人們攻城略地的經驗變得越來越豐富，行動也越來越大膽，不斷從各個領域、不同維度滲入以推動不同發展階段的優秀公司，試圖建立起符合人們遊戲規則的壁壘與溝壑，最終通往壟斷式的利益目標。可以說，資本的力量正前所未有地驅動全球新的商業力量前行，也在前所未有地「洗劫」平庸創業者的未來。

PART4　利潤塔與新資本價值

　　龐大的市場，加之一輪又一輪方興未艾的創業浪潮，不斷吸引著大量的風險資本進場，為許多產業注入了新的生機，不斷衝擊著行業原有的發展生態，加劇了市場競爭淘汰的激烈態勢。

　　過去，在傳統的經濟環境下，要成就一家世界500強公司通常需要數十年，甚至是上百年的時間才能實現。在網路時代，像阿里、騰訊這樣強大的網路公司，也花了近20年的時間才邁入世界500強之列。然而，在現代行動互聯的背景下，小米公司僅用了9年的時間便跨入世界500強的大門。全球估值10億美元以上的獨角獸公司數量在過去的6年裡翻了6倍，其平均成長時間僅為8年左右。大量的未來型企業不斷湧現，它們藉助VC／PE的資本力量迅速崛起，顛覆了舊有的商業格局，讓普通的創業者只能望洋興嘆。

　　所謂「一將功成萬骨枯」，每一家在資本加持下崛起的明星公司，都是天生的「屠夫」，它們「磨刀霍霍向豬羊」。騰訊推出的局面帶來的自媒體革命使強大的傳統媒體走向了日薄西山；從「千團大戰」中殺出重圍的一家團購公司，背後躺下的是5,000多家的團購網站；共享單車熱潮，則直接幹掉了無數原本無辜的傳統腳踏車零售店……

　　這些年來，一條又一條被風險資本瞄上的賽道，無數的創業者甚至連硝煙的味道都沒聞到就已經成為悲劇了，時代的車輪呼嘯而過，連聲招呼也沒留下。

第 8 章　新資本趨勢

然而，對於絕大部分創業者來說，資本的力量距離他們太遙遠。那些獲得資本力量加持的公司則迅速擴張，它們快速地攻城略地，極大地壓榨對手的生存空間與發展機會，加速淘汰競爭的參與者。從 2021 年具有 VC ／ PE 背景的中企 IPO 統計資料中，我們可以看到騰訊投資目前位列紅杉資本中國基金、深創投集團之後排名第三，收穫 20 家上市公司的戰績，甚至比高瓴資本還多 1 個。據 IT 桔子資料顯示，騰訊 CVC 投資專案的數量遙遙領先，在 2021 年 8 月 30 日前，已達 1,175 個，遠超排在第二名小米集團的 408 個，以及排名第三阿里集團的 387 個。騰訊體系在龐大的流量資源與投資力量驅動下，賦予被投資專案不對稱競爭優勢的加成，這必然加劇市場的「馬太效應」。當前中國國內的上市公司中具有 VC ／ PE 背景的滲透率平均超過 70％。2021 年上半年，中國國內科創板上市公司中 VC ／ PE 的滲透率甚至超過 90％。大公司不斷布局更大的市場空間展開掃蕩式的產業跨界入侵行為，小公司則越來越難以應對不斷被加速的市場步調，逐漸被資本加持下的競爭對手逼向牆角。

2020 年以來，市場監督管理單位不斷召開反壟斷會議及大量調查網路領域的壟斷行為，發出了數十起反壟斷處罰，網路龍頭們也赫然在列，最嚴重的阿里因濫用市場支配地位行為被處罰高達 182 億人民幣。所有這些成立或被調查趨向壟斷行為的公司背後，無不印記著資本力量興風作浪的痕跡。

平庸本無錯,奈何資本是血腥的。

那些數以萬計的機構投資者,集中頂尖的專業團隊、大量資金,甚至是全球性的資源優勢,搜尋各個領域最優秀的種子選手,不斷準備新一輪的造星運動。他們的投資目錄上,餵養著數以千計的「屠夫」,正虎視眈眈地盯著對手,隨時準備下一場的衝殺。

8.2 資本遊戲的終局邏輯

本書前文中談到兩個重要的觀點:

一是公司的價值創造活動整體而言由產生現金流、利潤與經營收入三種行為構成,其中最重要的是現金流創造與管理,是構成商業模式的價值根基。

二是從長期來看,未來資產的存在前提一定是公司未來在資本市場上有想像空間。它可以是獨立上市的想像空間,也可以是上市公司及其旗下子公司,或是擬上市公司併購計畫中的一個拼圖構成。不然,未來資產終將面臨難以流通變現的困境,重新回到虛擬存在的狀態中。這種價值中斷的必然性,將導致其實際價格大幅縮減,甚至是歸零的結局。

由此,未來資產應該特指透過預判專案公司未來在資本市場上的想像空間,從而讓投資人建立起對專案公司股權投資的信心,最終以某種估值定價的方式達成交易的可能性資

產。交易完成後,未來資產才得以從虛擬存在的狀態轉為現實的貨幣資產。

從本質上說,未來資產是由公司的價值創造活動產生的,並非所有公司的價值創造活動都有資本價值。若不具有未來資產存在的前提,公司的價值將無法得到專業投資機構的認同,也就無法持續變現。

未來資產的最終空間來源

未來資產的最終空間來自哪裡?

從全球總體經濟的視角來看,全球任何經濟體內的企業活力和持續發展能力都離不開強大的資本市場的支持,特別是以證券交易所為中心所帶來的資本流動方式。公司價值的最大化變現最終要依託全球不同層次的資本市場,順著資本遊戲的終局邏輯指向同一處 —— 證券市場高市值公司走勢。同時,結合公司所在產業的未來發展趨勢,就會走在正確的未來發展方向上。凡是能符合這個邏輯走向的專案公司,都將成為機構投資重點關注與投資布局的對象,公司的未來資產由此得以呈現,股權融資也產生了未來的穿透性。至於未來資產,則可以用利潤塔的塔式構算衡量其價值含量。

圖 8-1 是公司未來在資本市場上有想像空間的終局邏輯,由此以終為始指導公司的價值創造活動,讓資本價值得以持續變現。

PART4　利潤塔與新資本價值

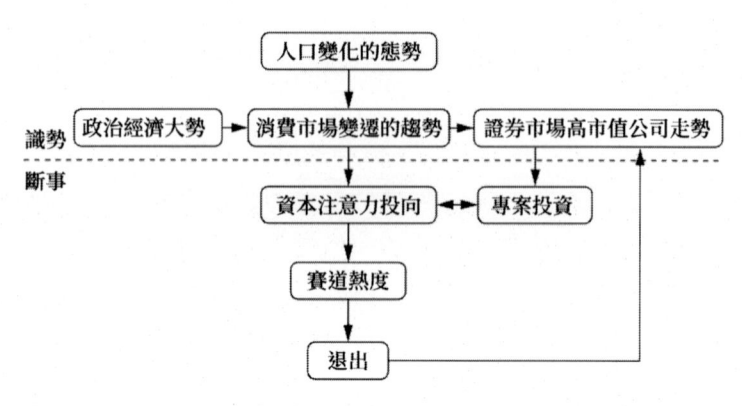

```
                  ┌──────────────┐
                  │ 人口變化的態勢 │
                  └──────┬───────┘
                         ↓
識勢  ┌──────────┐  ┌──────────────┐  ┌──────────────────┐
      │政治經濟大勢│→│消費市場變遷的趨勢│→│證券市場高市值公司走勢│
      └──────────┘  └──────┬───────┘  └────────┬─────────┘
斷事                       ↓                   │
                    ┌──────────┐   ┌──────────┐│
                    │資本注意力投向│→│ 專案投資 ││
                    └──────┬───┘   └──────────┘│
                           ↓                   │
                    ┌──────────┐               │
                    │ 賽道熱度 │←──────────────┘
                    └──────┬───┘
                           ↓
                    ┌──────────┐
                    │   退出   │
                    └──────────┘
```

圖 8-1 公司未來資本的終局邏輯

8.3　新資本走向

以特殊目的收購公司（Specid Purpose Acquisition Company，SPAC）上市是全球資本市場的新走向。從本質上說，它是機構投資穿透不確定性的一種突破，以一種更加直接、風險更低的方式獲得投資成功的確定性結果。

危機驚魂

2008 年，在席捲全球的金融危機背景下，成立 158 年的雷曼兄弟投資銀行宣告破產，此消息一出，震驚世界。這家百年老店的總資產約 7,000 億美元，2000 年曾被《商業週刊》評為最佳投資銀行，居國際權威金融雜誌《機構投資者》排行榜榜首。2002 年被《國際融資評論》授予最佳投行稱號。值

得一提的是，雷曼兄弟宣布破產後的兩個多月，美國史上最大的龐氏騙局製造者麥道夫（Bernard L. Madoff）被捕，其涉案的帳面損失竟高達 648 億美元。他曾是那斯達克交易所主席、華爾街明星經紀商、美國極具影響力的國際級金融顧問。

西方的資本市場也不總是「陽春白雪」，再輝煌的公司也會迎來它生命週期的末尾，再好的制度也會有規則破壞者。美國在西元 1790 年便成立了第一家證券交易所，其間所經歷的各種風雨波折自不必說，許多成熟的遊戲規則與執行機制，還是值得我們借鑑和學習。

SPAC 顛覆傳統資本思維

從表面上看，全球近兩年受疫情影響嚴重，導致經濟不景氣。然而，全球知名的安永會計師事務所的調研報告稱，2021 年全球 IPO 活動是近 20 年當中最活躍的一年，美國、中國和香港仍是全球 IPO 活動排名前三位的最活躍地區。

相較於傳統的 IPO 上市方式，SPAC 擁有以下四大優勢。

1. 結果明確

不存在無法上市的不確定性。由於可以直接省去宣傳活動和傳統上市流程審查等過程，SPAC 上市公司身分的結果明確。為此，高盛前 CEO 認為，SPAC 流程繞開了正常 IPO 流程的嚴格調查，曾告誡股市投資者要保持謹慎。

2. 時間短

只需 3～6 個月，公司即可快速實現上市。相較於傳統 IPO 上市所需的時長，SPAC 上市所需時長顯然縮短了。

3. 費用少

比傳統的 IPO 上市方式要節省一半多的費用。傳統 IPO 結束後，投資銀行要收取 5%～7% 的募集金作為承銷佣金，而在 SPAC 中，一般只先收取募集金額的 2%，其餘的佣金要等操作的結果出來後，投行方可獲得。在上市的過程中，可省去或減少上市輔導、中介及掛牌費等一系列環節的相關費用支出。

4. 融資快

由於股票投資者的錢已經提前存放在託管帳戶中，因此不存在融不到錢的問題。同時，SPAC交易架構設計更靈活，目標公司擁有更大的議價權，因而對想要上市的公司來說，是一種利好。

SPAC 是誘人的「盲盒」

SPAC 也被戲稱為資本市場的「盲盒」遊戲。

簡單來說，SPAC 一開始除現金外，其他什麼都沒有，是一家由基金募資組建的「空白支票公司」，也叫「空殼公司」。

發起人將這個「窮得只剩下錢」的公司在證券交易所上市，然後發行股票賣給投資者，將所募集的資金100%放在託管帳戶上，保證資金安全與固定收益。接著，這家「窮得只剩下錢」的上市公司只有一個使命：在24個月內，找到一家非上市目標公司，用託管帳戶上的資金購買其股權，完成雙方的合併，新公司自動成為交易所的上市公司，無須其他動作。若在24個月內使命未能完成，那麼這家公司就會被清盤，託管帳戶內的資金連帶其利息收入將100%歸還給投資者，風險可控。

　　SPAC早期是加拿大與澳洲礦業企業採取的一種上市融資方式，後來逐漸在英國和美國興起，直到近兩年迅速發展成為美國資本市場上新的上市主力軍，開始影響全球資本市場的上市方式。2020年，SPAC數量在美國資本市場上首度超過傳統的IPO數量，因而被稱為SPAC爆發的元年。

8.4　黃金賽道

　　所謂的「黃金賽道」，是指在主流經濟趨勢上的一些熱門行業，它並不意味著不在其中的公司就難以獲得資本力量的支持，在一些細分賽道上或創新領域跑出新的獨角獸公司或上市公司的可能性還是非常大。

獨角獸公司賽道

俗話說:「不想當將軍的士兵不是好士兵。」對於投資人來說,不想成為獨角獸公司的公司就不是好的創業公司。

2013年,矽谷的風險投資人首次提出「獨角獸公司」的概念,特指那些估值超過10億美元的創業公司。從此,「獨角獸」這一概念被投行廣泛應用。

有資料顯示,2021年全球獨角獸公司數量達1,058家,其中美國以487家排名第一,中國以301家排名第二。全球的獨角獸公司有53%是直接面向消費者的,有47%是B2B企業服務類型的。另據CB Insight資料,全球的獨角獸公司在2016年僅有169家,僅6年時間,其總數就成長5倍有餘,增速驚人。當前,亞洲的電商獨角獸公司占全球電商獨角獸公司比重超50%。

上市公司賽道

總體上看,2021年約70%新上市企業是以註冊制方式登陸資本市場,在新上市的IPO企業中,以科技股為主。從行業分布上看,上市數量最多的是電腦、通訊和其他電子設備製造業,其次是專業設備製造業,第三位是化學原料和化學製品製造業、電氣機械和器材製造業等。目前資本市場的政策傾向還是偏重於實體行業,這與近年來機構投資的側重方

向有所不同。

公司不處於黃金賽道上,並不意味著公司沒有未來,本質上還是要看經營品質的基本面,其中有兩個關鍵點:一是公司所定義的目標市場,其潛在空間要大(不低於 30 億～ 50 億美元);二是公司利潤塔所定義的能力圈構成及其成長性,要足以支撐公司未來發展的需求。如果符合這兩點,那麼不管處在哪一條賽道上,都一定會有慧眼識珠的投資機構進場,只是機緣早晚的問題。

8.5　踐行中的 DVC ①

股權投資市場尋找「自然生成的優質果樹」的行業格局已然成形,但往投前走一步去發掘有潛力的專案進行「定向培育優良品種」的前端市場尚未形成,這為 DVC 帶來了新機會。

① DVC(Deep Value Creation),深度價值創造。

股權投資市場的兩極分化趨勢

全球投資機構的龍頭力量越來越集中,其中紅杉、老虎基金和軟銀這三大投資機構共投資了 500 家獨角獸公司,約占全球總數的 50%。2021 年,613 家企業實現上市,其中排名前 30 位的投資機構所投企業 IPO 數量累計超過 320 家,市場還將進一步向龍頭集中。

據報告，2021 年股權投資市場的募資結構持續向兩極分化方向發展：一方面，10 億元以下的基金數量占比超過 90%，募資金額占比不足 40%；另一方面，數量占比不足 1% 的 50 億元規模以上的基金新募規模占比超過 20%。

在 2021 年新募基金中，有近 40% 的基金僅對外出資了 1 個專案，與此相反的是不到 10% 的投資機構，所投專案數量及金額占比都超過 50%。2021 年，TOP100 的投資案例為股權投資市場貢獻了 34.5% 的投資金額，有超過 1.5 萬家的基金管理人。許多基金將面臨有錢投不出去的專案荒，形成好的專案投不進去或估值過高而不敢投的局面。

DVC 新機會

DVC 可分為投前價值輸入與投後價值創造兩大類型，可以降低被投專案因誤入價值迷途而導致的高死亡率。

長期以來，投資機構並不關心那些未被看上的專案，最多是對一些有潛質，但沒有達到投資要求的專案保持定期或不定期的關注，這導致許多潛在的優質專案「明珠蒙塵」，欠缺臨門一腳的力量。

投前價值輸入的 DVC 類型多涉及早期專案，以賦值為起點，在診斷、整理的基礎上，透過賦值、賦能與賦資的三段式推進（見圖 8-2），為潛在的優質專案提供基於價值鏈重構

的策略落實輔導，幫助其進行公司價值設計（商業價值＋資本價值），並滿足機構投資篩選專案的標準，推動專案走向股權投資市場。在這一過程中，完成對公司價值的發現、重構、放大與加速等價值資本的輸入，並長期以深度介入的方式陪跑，助力「蒙塵明珠」擦亮自己，實現永續融資的資本價值。

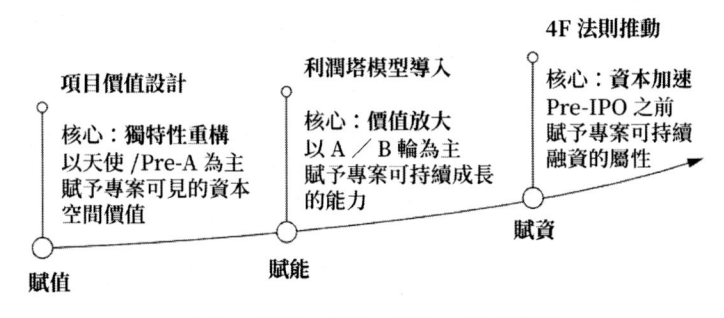

圖 8-2 賦能、賦值、賦資三段式推進

關於投後價值創造的 DVC 類型，則以賦能為導向，屬於投後管理的範疇。2020 年，高瓴資本成立創投品牌並創新地把投後管理更新為深度價值創造（DVC）。實際上，像美國知名的 A16Z 風投機構在早些年就已經深度介入專案投後的價值創造活動中，一些比較注重投後管理的投資機構也會安排派駐專員，提供經營管理及資本等相關方面的輔導工作。大部分的中小投資機構則礙於人手不足或受限於創業認知經驗不足，難以提供更深層面的投後管理工作。

DVC 的邊界是替創業者開車。

DVC 是輔導者，幫助優秀的企業家藉助資本的力量綻放未來。良好的 DVC 背後都有與之相搭配的早期投資人，可以幫助創業者搭建適合機構投資進場的公司治理架構，包括股權治理、法人治理及業績治理等，做好機構投資進入前的相關準備工作，提高投資效率。

最後，需要提醒的是，一家公司真正且持久的價值從來不是外部「造神」運動的結果，價值是內生性的，是一家公司對行業的思考，對商業與自我的社會表達，然後以產品的載體形式明確地向外展現，得到使用者的認同，最終轉化為公司底層的價值存在。

第 9 章　利潤塔支撐公司的資本價值

9.1　公司價值執行區間

公司未來在資本市場上的想像空間，可透過利潤塔的四個必然要素進行塔式構算，預判該想像空間實現的可能性大小及其可實現價值的含量有多少，由此判斷公司未來資產的優質程度，估測其資本價值實現的永續性，並與公司股權的估值定價相關聯。

公司價值的區間走向

從資本市場的遊戲規則來看，賺錢的企業其股權不一定值錢。

我們經常碰到這樣的情形，有的公司一年經營收入幾個億，甚至是幾十個億，利潤也輕鬆過億元，一切看上去都很完美，好像符合資本市場的上市條件，但沒有專業投資人願意投資，因為它不具備未來資產的屬性，其價值幾乎沒有資本化的可能性。

賺錢與值錢是兩種不同維度的經營結果。賺錢的邏輯大都考慮的是短期的當下收益；值錢的邏輯更多的則是面向產

業的未來，驗證公司未來發展策略的正確性、盈利規模的標準化放大能力及其長期永續性。一家值錢的公司可以犧牲當下的短期利益去建構基於未來的商業想像空間，但極少有公司願意放棄眼前的利潤，去追求那些無法在當下真實感受到的未來空間。

正所謂「魚和熊掌，二者不可兼得」。魚和熊掌分別代表不同的價值取向，沒有對錯之分，只是對公司的資本價值產生完全不同的影響。本書從賺錢與值錢這兩個維度出發，將公司的價值屬性劃分為四個區間，不同的價值區（見圖 9-1）對應不同類型的公司。

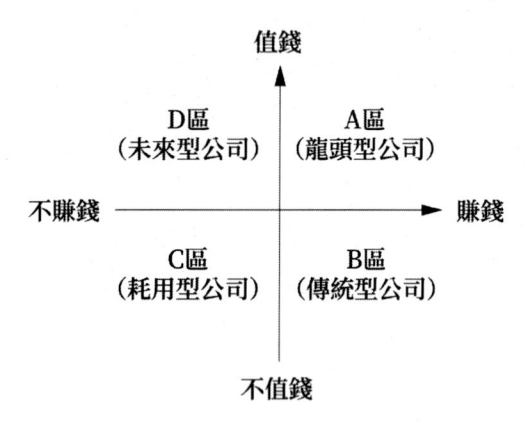

```
                      值錢
                       │
         D區           │          A區
      (未來型公司)     │       (龍頭型公司)
                       │
  不賺錢 ───────────────┼─────────────── 賺錢
                       │
         C區           │          B區
      (耗用型公司)     │       (傳統型公司)
                       │
                     不值錢
```

圖 9-1 公司的價值屬性劃分

處於價值 A 區的龍頭型公司幾乎成了所有企業的榜樣。它們對行業格局擁有強勢的影響力，大多數是久經市場考驗而沉澱下來的卓越企業，大部分是具有高市值的上市公司，

第 9 章　利潤塔支撐公司的資本價值

以及那些上市潛力龐大的高估值公司,是投資機構熱捧的對象。

處於價值 B 區的公司,大都不具備資本思維或者抗拒資本思維,是典型的傳統經營型企業。公司依賴某一行業長年累積的產業鏈關係和客戶族群,穩定賺取產品的差價收入。這類企業通常不懂得資本價值設計或是不願接受新的資本理念,只願在自己固有的營運邏輯裡行走,其中也不乏優秀的公司。當然,若是能妥善應用利潤塔模型進行系統整理、設計,並且穩健執行,這些公司將有可能輕鬆藉助資本力量成為 A 區的一員。不過,許多當下很賺錢的公司,由於不知道如何在恰當的時機進行公司價值設計(商業價值＋資本價值),充分利用資本力量推動企業發展更上一層樓,當經營環境惡化(如 2008 年的全球金融危機,2020 年出現的新冠肺炎疫情等)時,就會令自己置身於獨木難支的險境中。

處於價值 C 區的耗用型公司,大多數為初創公司,或是體制僵化的國有公司。公司整體的經營效能較為低下,缺少方向感或是選錯了策略方向。公司處在既不值錢,也不賺錢的尷尬境地。若是有一定的資金基礎、清晰的定位與治理架構,C 區的初創公司不妨把自己放到 D 區重新進行設計。

處於價值 D 區的未來型公司,大多數是創新、創意、新技術以及網路屬性的新經濟產業類公司。D 區公司的典型特徵是當前可能不賺錢,未來卻有可能很值錢的公司。由於

這類公司擁有優質的未來資產，許多投資機構會聞風而來，以幫助該公司實現未來的商業想像空間，哪怕最終公司被併購，創始人還是可以獲得鉅額的股權轉讓收益。未來型公司在早期大都連續虧損多年，比較典型的如亞馬遜連續虧損超過 20 年，但其創始人卻成了世界首富。

當下不同的執行思維，決定的是未來的存在方式。

無論是處於 B 區，還是 C 區的公司，都可以應用利潤塔模型進行塔式構算，向投資人描述公司未來的商業想像空間，以及如何建設公司的能力圈構成，實現商業藍圖。重新推演新的商業模式，重新定義公司的價值執行方向（見圖 9-2），讓公司變得更值錢。

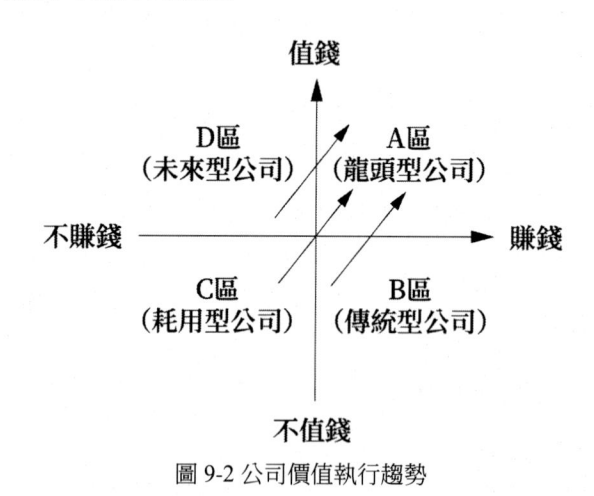

圖 9-2 公司價值執行趨勢

公司值錢的路線圖

正所謂「條條大路通羅馬」，公司賺錢的道路有千萬條，每一條都有自己的玩法。但公司想要值錢，就只剩下一條路 —— 上市。當然，也可以在走向上市的路上被併購。除此之外，都是走不過去的「斷頭路」。

9.2　野心見證奇蹟

2012 年，有一家幾個人的小公司在一間民宅內創立。2 年後，公司估值達到 5 億美元，股權融資收入 1 億美元；5 年後，公司估值超過 222 億美元，股權融資收入超過 31 億美元；8 年後，公司人數超 10 萬人，公司估值達 1,000 億美元，股權融資收入超百億美元；9 年後，公司估值已達到驚人的 3,600 億美元，成為全球最大的獨角獸公司。

公司的創始人張一鳴出生於 1983 年。

這個鯉魚跳龍門的創業案例，如果沒有得到資本力量的加持，能在短短的 10 年間創造出這樣的奇蹟嗎？

剛成立的字節跳動公司，第一年的融資也經歷了相當艱難的過程，其主要原因是投資人對行業競爭現狀及公司未來的想像空間存有很大的疑慮。雖然公司創立時就得到數百萬元的天使投資，以及 SIG 100 萬美元的 A 輪投資，但公司燒錢的速度還是太快了，一年多時間後眼看要撐不住了。

投資者之一王瓊曾表示：「我當時完全沒有料到在未來很長一段時間裡，幾乎沒有投資人會看好這個產品。當然，我也沒有料到，今日頭條日後會成為一家超級獨角獸公司。」2016 年，創始人在接受採訪時也表示：「在創立的前一年半，其實整個業界並不看好今日頭條，當時為了融資，最多的時候，我曾一個月見了 30 多個投資人，說話太多以致失聲，但一無所獲。最差的情景下，據說有位投資人只談了 15 分鐘就離開了。直到有一天，王瓊偶然看到一篇報導，由此改變了公司的命運。」

有報導稱，DST 投資集團的創始人尤里・米爾納（Yuri Milner）投資了一家美國的 Prismatic 公司。這家美國公司致力於研發徹底使人們的新聞閱讀方式個性化的新聞閱讀應用程式，並於 2012 年 12 月獲得了 1,500 萬美元的風投融資。Prismatic 公司的定位與今日頭條非常相似，因而王瓊認為這位投資人應該能理解今日頭條的執行邏輯，於是他設法聯絡到尤里・米爾納。對方派人調查研究後，認為今日頭條有機會成為中國版 Prismatic 公司，並在很短的時間內就決定投資，給予字節跳動 5,000 萬美元的 B 輪融資。

此後，字節跳動的股權融資之路如「開外掛」般，暢通無阻。

按最近一期已披露的融資 1,000 億美元估值計算，相對於 B 輪融資時的估值就已經翻了 2,000 倍，那麼相對於 A 輪

呢？按照字節跳動後期所呈現的融資邏輯反推，B 輪估值應該是 A 輪的 6 倍左右。也就是說，若按 A 輪的投資估值計算，至少要翻 1.2 萬倍。整體而言，SIG 公司 100 萬美元的 A 輪投資，如果股權全部保留到現在沒有退出，那麼其預估價值可能超過 400 億美元。

PitchBook 的資料顯示，2021 年字節跳動估值為 3,600 億美元，是當時全球最大的獨角獸公司。字節跳動計劃於 2022 年底上市。

9.3 風險投資輪次及成功機率

從廣義上說，上市之前的公司股權投資都是一種風險投資行為；狹義上的風險投資 VC，通常指 A 輪、B 輪及 C 輪投資，大部分的公司在 C 輪之後就會開始計劃 IPO 上市融資。

關於風險投資

在大多數人的理解中，有兩個普遍的失誤：第一個失誤是認為風險投資具有博弈性，風險投資家就是抱著一種賭博的心理，對看不清的技術進行投資，如果成功就會獲得相當高的收益；如果失敗，就跟賭場裡的錢一樣無所謂。第二個失誤是風險投資就是錢，風險家有的是錢。虧了沒關係，反正他們的錢都是有錢人的錢。

PART4　利潤塔與新資本價值

風險投資的核心邏輯是透過大機率成功的投資決策對抗投資過程中可能出現的小機率失敗風險。如果投資人對專案公司的大機率成功出現大範圍的誤判，並且當這種誤判所產生的後果無法被投資成功的收益所涵蓋時，投資機構自身也將面臨無以為繼的失敗風險。

風險融資的輪次

根據資本遊戲的常識性說法，統一把風險投資所進行的股權投資行為，按階段區分為不同的輪次（見圖 9-3），有相對共性的邏輯與說法，包括種子輪、天使輪、A 輪、B 輪、C 輪、D 輪等輪次。輪次越往後，估值就會越高，融資金額也會越大。H 輪融資比較少見，如大數據初創公司 Databricks 於 2021 年 9 月獲得 16 億美元 H 輪融資。

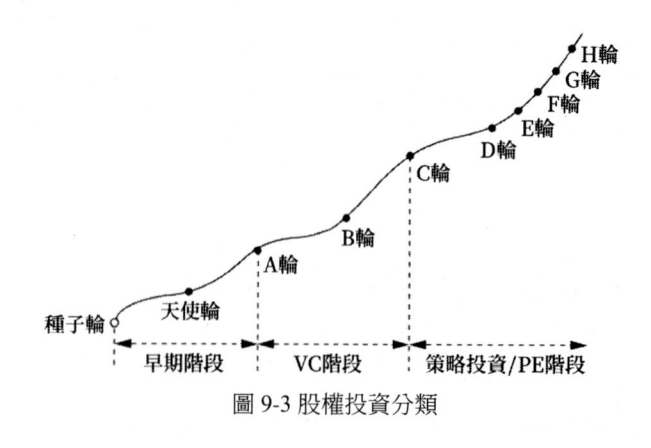

圖 9-3 股權投資分類

投資早期的專案，風險係數大；中後期專案的投資風險逐漸減小，因而早期投資的倍率回報通常遠高於中後期投資。有些機構偏好投資的早期專案多是科技類的，當前大部分風投機構則向中後期專案靠攏，這是風投領域十多年來自然淘汰的結果。

所謂早期專案一般是指種子輪、天使輪、A輪投資所投的專案公司；中後期專案一般是指B輪、C輪以及之後的輪次所投的專案公司。在股權投資占股比例上，早期投資的投資占股比例一般相對高些，占公司股權的20%～40%，A輪之後每一輪的投資占股比例會呈階梯式下降（如20%～10%～5%）。根據每家公司的估值成長、融資額及融資指導思想的不同，也會有所區別。

在不同賽道的不同輪次投資中，整體上的一些共性特徵如下。

種子輪：點燃火種

階段定義：是指專案尚處在創意階段，產品尚未完成，風險投資人就開始介入投資。

成功機率：種子輪走到最後的成功率低於1%。

私人投資：由於種子輪的死亡率極高，大多數的種子投資往往由創業者身邊的親朋好友基於個人的信任投資，也就

是以業餘買家為主。機構投資參與的可能性微乎其微。

　　機構參與：極少有機構參與種子輪投資，除非是有足夠強大的產業背景力量支持，或者專案是具有跨時代意義的專案。

　　2022 年 3 月，有一個比較罕見的案例──Yuga Labs。一家集 Web3 文化、娛樂、遊戲於一體的區塊鏈專案營運商，獲得 A16Z、三星風險投資、GV 及老虎基金等 9 家聯合投出的 4.5 億美元的種子輪投資。

　　融資金額：種子輪投資額在 10 萬～ 100 萬美元不等。

天使輪：測試驗證

　　階段定義：0 ～ 1 階段，公司處在初創期。

　　有了初步的產品，創始人發起並組建了核心團隊，對目標市場進行有針對性的驗證，目的是跑通業務邏輯，同時尋找身邊可用的資源。通常這一階段的產品會經歷多次的更迭，有的與原有的設想相差甚遠，需不斷進行市場打磨之後，公司才會在轉型調整的不確定狀態中找到正確的方向，然後穩定下來。

　　成功機率：據統計，9 年內從天使輪走到最後 IPO 的機率約為 1.2%，7 ～ 8 年的天使投資專案被併購，退出率在 6% 左右。因此，投資機構對天使輪的賽道選擇及創始團隊能力

第 9 章　利潤塔支撐公司的資本價值

的要求非常高，投資決策也異常謹慎。但是，高科技領域的天使投資成功率相對高很多。

投資要求：天使輪及種子輪，如果要獲得專業投資機構的參與，多數情況下要求創業者具有非常出色的工作履歷或強悍的技術背景，比如 BAT、TMDJ、國內外知名公司高階主管等背景出身，具有科學家或某一先進技術的帶頭人身分等。如果不具有強大的技術背景，就需要具備獨特的商業模式，加上傑出的職業經歷及創始團隊背景，引起投資人的興趣，減少其對創業失敗的不確定性風險的擔憂。

機構參與：機構投資很少參與除高科技等特殊領域外的天使投資。

大多數的天使投資人以周邊的親朋好友及同事等為主，也有專業機構背景出身的獨立投資人會參與。有些投資機構的成員會以私人身分參與天使輪或種子輪投資，基本上都是與創業者的關係比較近，並對其個人能力和特質非常認同，有的甚至在上一次的創業中就已經在該創業者身上下注了。

機構投資：據非正式的統計，僅在 2014 年之後的二、三年內就有超過 1,000 家的天使投資機構倒下，甚至在 2020 年，新成立的天使投資機構數量為零，由此可見天使投資領域的慘烈程度。

融資金額：融資金額從數十萬元到數百萬元不等，多在

1,000 萬元以內。

數千萬元甚至上億元的天使投資，雖較為少見，但是近年來在高科技領域的案例卻不斷增多。

投資報酬：可遇而不可求。

一旦成功，回報驚人，往往高達數百倍以上。

例如，如果某人在 2004 年對美國的臉書（Facebook）專案進行 50 萬美元的天使投資，10 年後他就可以獲得 10 億美元的回報，約 2,000 倍。

當然，幾乎所有職業化的天使投資人都不會一直持有公司的股份跟隨到上市，他們會選擇中途合適的時機下車，轉讓所持股份退出，這是常態。

A 輪：最佳化成長

階段定義：1 ～ 10 階段，公司處在成長初期。

成功機率：60% 多的專案停步在 A 輪。

投資要求：專案的賽道選擇得到認可，公司的團隊配備相對成熟，能力圈構成具有永續性發展的基礎，逐步建立起標準化的業務執行體系，擁有經過市場驗證的產品和經營資料，能夠支援商業模式的邏輯架構，策略定義基本成形。公司已完成標準化經營單元的模範打造，正在進行模範的最佳化與市場的規模化設計與驗證。如果在行業內擁有技術先進

性優勢,那麼公司被風險投資人看中的可能性就會大大提高。

參與機構:A 輪階段私人投資參與的比較少,主要有國內外的 VC 風投機構,行業龍頭企業成立的 CVC 投資基金,少部分有政府背景的產業引導基金等。

這一階段,如果有行業內的龍頭企業投資或是國內外知名的風投機構參投,那麼公司在發展的道路上容易走得更遠,後期獲得機構投資的通道將更寬。

融資金額:A 輪融資額從 100 萬美元至 2,000 萬美元,不同賽道及經營規模不同,融資額會有比較大的差別,具有高技術含量公司獲得 1,500 萬美元左右的 A 輪融資案例越來越多,少數案例會超過 3,000 萬美元。

當公司需要提前進行模式驗證,或是未能在本輪內完成既定的里程碑目標及商業模式驗證時,專案可能會出現 Pre-A 輪次或 A+ 輪,這些都屬於 A 輪的延伸範圍。

例如,某家牛肉連鎖品牌商在 2020 年 12 月獲得 Pre-A 輪融資,2021 年 3 月獲得 A 輪融資,2022 年 3 月獲得 1 億元的 A+ 輪融資。

投資報酬:據統計,VC 投資的 65%的專案回報在 0 ～ 1 倍,處於虧損狀態,25%的專案會有 3 ～ 5 倍回報,6%的專案可以達到 5 ～ 10 倍回報,超過 10 倍回報的專案整體上只占 4%,其中 0.4%的專案有超過 50 倍的回報。

B 輪：擴展加速

階段定義：10～100 階段，公司處在成長中期。

成功機率：約 30%的 B 輪專案有機會進入 C 輪。隨著投資輪次的後移，專案投資的風險也在逐漸減小。

投資要求：公司策略定義和商業模式清晰，已經有成熟的產品、業務執行體系和組織管理能力，公司的盈利模式得到市場驗證，標準化經營單元模範的複製效能提升，進入可以規模化擴展的加速階段。需要大額投資搶在競爭者前面進行深度布局，逐步建立競爭壁壘，進一步建構面向產業未來的價值鏈執行體系，為公司價值獲取更大的商業想像空間。若是網路相關賽道的專案，則更關注商業模式與使用者資料。

參與機構：大部分 B 輪投資都來自更大體量的風投基金，如 DST、KKR、老虎基金、紅杉資本、高瓴資本、IDG、深創投、騰訊投資等大量中大型投資機構，也包括 CVC 及政府的產業引導基金等。在本輪若有知名風投、行業龍頭 CVC 的投資或政府的引導基金參與，對公司的資源、技術、政策及策略發展都會有很大的幫助。

融資金額：根據賽道不同，從 1,000 萬美元到 5,000 萬美元不等，平均投資金額在 2,100 萬美元左右。單輪融資規模如果超過 1 億美元，則有很大的潛力成為獨角獸公司。

有的行業規模龐大，專案公司的 B 輪融資甚至達到數十億元，甚至超百億元。

投資報酬：據統計，VC 投資的 65％的專案回報在 0 〜 1 倍，處於虧損狀態，25％的專案會有 3 〜 5 倍回報，6％的專案可以達到 5 〜 10 倍回報，超過 10 倍回報的專案整體上只占 4％，其中 0.4％的專案有超過 50 倍的回報。

C 輪：規模化擴張

階段定義：D 〜 N 的階段，公司處在成長後期，開始為上市做準備。

成功機率：據統計，VC 投資（A 輪至 C 輪）9 年內的 IPO 成功機率在 11％〜 12％。

投資要求：公司在行業擁有數一數二的地位，能夠建立起自己的護城河。公司的現金流、利潤或營收規模穩定成長，專案未來在資本市場上的想像空間龐大，具備永續性發展的能力。

為上市做準備的公司，在這一階段更注重公司的使用者規模、收入規模和持續盈利能力，因而市場占有率、應用場景和公司價值鏈的涵蓋範圍都會是衡量其成功與否的重要標準。美國的資本市場對創新專案未來現金流規模的想像空間會更加看重，而 A 股及港股市場對於公司利潤規模的絕對值

及其持續性經營能力則有更高的要求。

參與機構：除了 B 輪投資的機構參與者外，避險基金、投資銀行、私募基金、大型二級市場投資集團等越來越多的機構投資人會參與進來。

融資金額：根據專案所在賽道的商業想像空間，從數千萬美元到數億美元不等，有的甚至可達數十億美元。

此後 D 輪、E 輪以及更多的輪次，都屬於策略投資或資本意志的展現，說明公司價值在上市之前還有更大的可挖掘潛力，或者所處賽道還有更大潛力的商業想像空間。

通常情況下，投資機構或創始人推遲 IPO 的時間，主要考慮到目標公司所處行業賽道的市場規模非常龐大，公司的價值潛力還沒有得到充分的釋放，有更進一步做大公司潛在商業空間的可能性；或是走向擁有市場支配地位的價值高地，從而繼續推高公司的資本價值，希望後期上市後可以最大程度地放大市值規模，實現超級大滿貫的極大回報。

9.4 公司價值的不確定性

公司屬於營利性組織，是以貨幣計量的經濟資源所有者。公司所有的經營結果，最終要反映到以貨幣計量的經濟資源上。公司透過所提供的產品滿足人類社會不同目標人群的各種需求，從而實現以貨幣計量的經營收入，這是公司價

值的源頭。

所謂「存在即合理」,每家公司都有其存在價值,但並非所有的公司都有投資價值。

不同發展時期的價值不確定性

一家公司在發展過程中,可能會經歷 7 個不同的時期(如圖 9-4 所示),每一個時期都有其典型的價值構成特徵。不同行業相同時期的公司,甚至是同一行業相同時期的公司,因其所處的上下游地位不同,加上由產品、技術、創始人背景、創業團隊、營運能力、組織文化、商業模式等構成的核心競爭力不同,其投資價值也會有較大差別,很難用一個統一的標準衡量,但我們可對其共性特徵做一些總結性的說明。

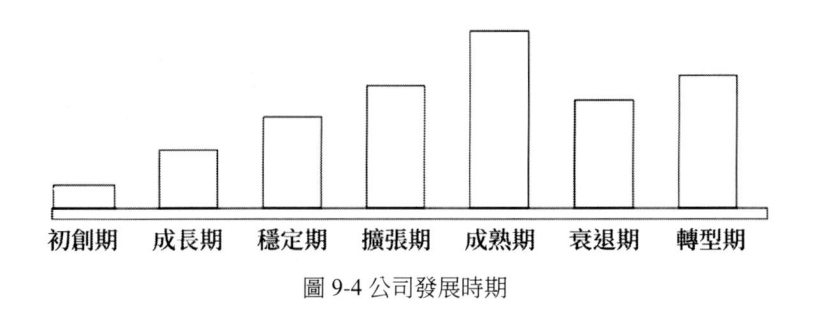

圖 9-4 公司發展時期

初創期:

主要特徵是以業務執行為核心,專注產品設計、市場推動與銷售力量建設,快速實現業績突破,讓公司得以生存下去。

這一時期的價值不確定性在於產品或業務邏輯能否得到市場的驗證，創始團隊成員的背景經歷、工作水準及其能力互補性構成，能否為公司帶來快速成長的可能性。初創期公司的策略及發展模式大多尚未定型，其投資價值最難判斷，不確定性最高，因而投資風險也最高。

初創期主要有種子輪、天使輪投資參與。

成長期：

成長期主要以公司業績快速成長為核心，擴大專業團隊規模，推動營運體系建設，保持旺盛的業績成長勢頭。

這一時期的價值不確定性在於公司的成長邏輯來源以及團隊的體系化作戰能力。一方面，要審視公司的成長邏輯，主要指公司靠什麼驅動成長，如成長來自存量市場，還是來自增量市場？公司的領先優勢是什麼？公司在成長過程中，能否形成競爭壁壘，在產業內是否擁有定價話語權？成長是以自成長的方式，還是以高成本投入驅動的？成長能否帶來現金流與利潤的成長？不同的成長邏輯，同樣要保持30％以上的年成長率，所帶來的投資價值結果也有可能一個在天上，另一個在地下。另一方面，團隊的體系化作戰能力，代表了公司成長的永續性能力，如果公司的人才團隊後備不足，各部門的專業化能力以及團隊合作能力較弱，那麼公司業績的成長就難以持續。因此，公司成長的投資價值就得不到良好的表現。

第 9 章 利潤塔支撐公司的資本價值

處在成長期的公司大多數已有明確的策略定義，公司的盈利模式基本成形，能力圈構成及其潛力也都比較清晰地呈現出來，投資風險有所下降。成長期是風險投資介入的最佳時期，也是決定公司是否值錢的里程碑價值時期。

穩定期：

公司在經歷一段時期的業績成長之後，營業收入或利潤規模進入一個相對穩定的時期，即使有所起伏，整體上也變化不大。許多時候，公司不會是直線成長的。通常，公司業績在一段時期後會到達一個峰值，然後保持相對穩定的狀態，即進入穩定期。

這一時期的價值不確定性在於公司能力圈的短處，是因為外部原因，遭遇難以突破的市場競爭阻力，還是因為內在銷售力量不足，導致業績無法實現突破；或受限於公司組織管理的能力圈邊界，無法支撐業績上升時的內外服務需求；又或是因資金投入不足，導致成長停滯。

公司進入穩定期後，須進行策略整理，制定里程碑及長期發展計畫，提煉優秀的商業模式，完成公司最小經營單元樣本的打造，同時積蓄人才、強化流程及組織管理能力。在理想的情況下，公司透過升級能力圈構成，再次實現成長突破，之後可能會出現多次的上升期與穩定期交替進行的現象，從而實現永續性成長。

擴張期：

擴張期主要以市場的規模化擴展為中心，對公司進行策略性布局與準備。公司經過前期的發展後，發現了龐大的市場潛在空間，創始人有強烈的市場拓展意願，公司的資金實力、核心骨幹層的團隊構成，以及組織管理系統可以支撐快速擴張的需求。

這一時期的價值不確定性在於，公司現金流的管理能力與創始人對公司策略及全局的掌控能力，特別是公司對擴張節奏以及組織效能的管控。大量的公司在擴張期發展得太快，導致失控而遭受挫敗。

處在擴張期的公司成長邏輯、盈利模式及商業模式已得到充分驗證，是投資價值成長的最快時期。

成熟期：

成熟期的主要特徵是，公司在行業內擁有一定的地位，產品市場占比較為穩定；公司的管理體系相對完整，擁有一支高素養的專業經理人團隊。在成熟期，公司獲取新增業績的投入產出比很低，甚至可能為負，公司從擴張政策轉向精耕細作，重在強化管理效能實現成本控制，以保持或增加利潤的絕對值為主要經營指標。

這一時期的價值不確定性在於，公司是否有能力發掘新的利潤成長點，拓展第二曲線的成長空間。這是公司進行產

業鏈投資布局的最好時期，可以啟動 CVC 投資介入公司業務的上、下游環節，培養新的利潤成長點或併購有潛力的關聯項目，提高產業競爭壁壘，擴展產業周邊的價值成長空間。

成熟期之前，公司就可著手進行 IPO 準備，以 C 輪、D 輪及策略投資為主。

衰退期：

衰退期的主要特徵是，行業的整體市場空間在縮減，處於過度競爭時期，公司原有的市場占比逐漸萎縮或者由於價格戰導致利潤大幅縮水。

這一時期是公司價值衰減的時期，以併購投資為主，可以透過資產重組、兼併或轉型等方式獲取投資。

轉型期：

轉型期的主要特徵是，產業趨勢發生變遷、公司當前發展受阻或難以發揮自身的競爭優勢，導致公司策略需要重新定義，由此影響利潤塔其他三個必然要素進行相應調整。

這一時期是價值不確定性的模糊期，需要結合主業現狀及轉型方向的正確性進行論證，每一次的轉型調整都會影響價值判斷的不確定性。當然，有些轉型是有確定性為前提的，如發現新的市場成長機會，在產業技術的先進性上實現新突破，主要目標客戶的需求發生重大變化，公司處在成熟期或衰退期已找到新的策略發展空間等。

轉型期的投資價值難以確定,需要根據不同的情況對應與之相搭配的投資對象,如初創期、成長初期的轉型還是對應早期投資;穩定期、成熟期以及衰退期的轉型,可以對應 VC 或 CVC 投資等。

9.5　風投融資的本質

從全球風險投資的實踐來看,創業公司發給專業機構的所有商業計畫書中,平均只有 0.4% 的專案公司最終拿到了專業投資人的錢。在這樣的背景下,沒有職業選手的修為,只靠偶然性或僥倖的心理參賽,又如何能殺出重圍呢?

利潤塔,讓公司價值脫離「單腳跳」狀態

利潤塔為支撐公司的未來資產提供了效能成長的實戰體系。從本質上講,利潤塔有助於推動公司價值的資本化過程,從而讓公司價值不再單純依賴傳統思維下的商業價值,透過盈利效率的永續性成長,展現其未來的價值前景,從而讓商業價值與資本價值形成互為支撐的完美融合,讓公司價值擺脫「單腳跳」狀態,實現用雙腳行走的價值成長狀態。

風投融資的本質,就是把未來資產拿到當下變現。換句話說,股權投資的本質是投資公司的未來。利潤塔是公司價值資本化過程中那塊最牢固的基石。

誰會買你的未來

有兩類買家會買你的未來：

一類是業餘買家，例如親朋好友、公司員工或生意上的利益相關者，他們大都是因為單純的信任關係或表達一種支持，基本上沒有專業的投資價值判斷能力，帶有一定的盲目性，容易受情緒化及專案的故事性描述影響，其投資行為大多屬於碰運氣、短期性、難以持續的行為。

另一類是專業買手，也就是專業投資人。他們憑藉自己的專業眼光與投資實踐經驗，根據企業不同發展階段的特性，對目標公司進行觀察了解，深入研究、分析公司的競爭力與價值所在，並透過盡職調查得出專業化的投資報告，最終交由投資決策委員會決定是否投資。其投資行為屬於長期性、相對永續性的行為。許多專業投資人本身就有連續創業的經歷，對一家公司好壞的判斷有著非常敏銳的眼光與直覺。

業餘買家的資金來源大多是個人或非專業投資公司的自有資金，因而投資金額是有限的；而專業買手則可以透過法定流程向外募集資金，擁有龐大的社會資金來源，同時還可透過退出已投資專案獲取高倍率的回報，回補資金。不同的專業買手對同一個投資專案會互傳接力棒，因而相對來說是長期永續性的投資行為。

若沒有機構投資者的多方續力並形成市場化的投資買入、併購或上市退出，絕大多數的股權投資行為都將成為無源之水，無法持續下去。

成為職業選手

打個比方，專業買手相當於一個職業足球俱樂部的職業星探，除非球員自身具備以下條件之一：

(A) 被發現具有成為巨星的潛力。
(B) 已嶄露出巨星特質。
(C) 被低估的職業球員。

否則，幾乎不可能被專業買手選中，更何況是那些業餘球員。

職業俱樂部式的股權投資機構，經過市場近 20 年的經驗累積，伴隨著近年來大規模的企業在各大證券交易所上市，這些機構對於公司資本價值判斷的實踐經驗越來越豐富，投資誤判的可能性也在不斷降低，對目標公司的選擇眼光也越來越精準，這無形中也加大了創業者獲得機構投資的難度。

職業化的買方市場

站在資本市場的角度，風險投資是一個職業化的投資行為。

第 9 章 利潤塔支撐公司的資本價值

大多數情況下，風投融資是以買方市場的方式存在的。在投行的投資行為中，誰的公司值錢，誰的公司不值錢，基本上由買家說了算。當然，如果公司的成長性或價值前景非常好，完全符合投資人定義的好公司標準，或者國內外的龍頭機構已參與了至少一輪的投資，那麼這時候賣方市場可能會出現。舉例來說，一個球員的價值需要由職業體系認定，並在職業賽場上有傑出表現才具有意義，若成為球星則價值搶手，業餘球員只能自說自話。

一家專案公司如果不能滿足「在未來的資本市場上有想像空間」，那麼風投融資的行為很難持續下去。當投資人判斷這可能是一個小機率事件時，專案公司被投資的可能性就微乎其微，因為沒有風投會有興趣永久持有一家公司的股份。

當然，有的專案價值判斷可能會超出投資人的認知範圍，因為公司在經營過程中還有轉型的可能，也會進行價值鏈重構。在這種情況下，就需要投資人對創業者的個人能力有深度了解與認同，並對創業團隊有信心，這對於早期專案的投資顯得尤為重要。在某些場景下，投資機構的投委會通過不了的專案，接觸專案的投資合夥人有可能單憑個人的喜好及對創業者的認同，哪怕在看不清未來的情況下，也以私人投資的方式下注給創業者，就像前文所提到的字節跳動公司的 3 位天使投資人一樣。

大部分情況下，如果投資機構對於專案執行邏輯的理解及其未來價值判斷處於不確定的狀況，基於迴避風險的預期判斷就會做出不投資的決定，這算是一種常態行為。每個投資機構都有自己既定的投資理念、價值判斷邏輯與篩選專案的決策標準。即使偶有漏網之魚，真正有價值的專案也遲早會回到後續輪次投資人的視野中，就像紅杉資本雖錯過字節跳動公司的 A 輪融資，但還是可以參與到 B 輪的投資中。優秀的投資人並不會擔心沒有專案可投，相對來說，創業者更需要遇見一個有機緣並且堅定看好你的人。

人們常說：「是金子總會發光的。」

創業者需要的就是做好自己，尋找能夠理解自己且價值觀相容的投資人，在這一過程中，被投資人拒絕是一件再正常不過的事情。

展千里馬之姿

要想在風投融資這條路上走得更遠，雖然需要有一定的運氣，但究其根本還是要依賴自身夠強的經營能力和資料的基本面。換句話說，你首先得是一匹千里馬或是具有千里馬的潛質，才有條件期待伯樂的出現。否則，就算伯樂近在眼前，他也找不到投資你的理由。

簡單來說，賽道與能力，是風投融資的兩個前提。

風投首先會看公司所在的賽道是大海還是池塘,海裡的魚與池塘中的魚顯然有不一樣的發展空間與價值。其次關注賽道長期的逆週期趨勢,行業競爭壁壘的高低,投資退出機會的多少等。

在賽道確定的情況下,考驗的就是創始人及其團隊的能力。

我們知道,一流的團隊可以把三流的專案做出一流的價值,而三流的團隊會把一流的專案做得一文不值。這就是風險投資人一定要優中選優,並且不輕易下注的原因。

9.6 穿越死亡之谷

野蠻生長的時代已經過去,靠 PPT 融資的日子已經成為回憶。在未來,融資的門檻會越來越高,公司所接受的未來挑戰也會越來越大。

失敗是一種常態

要見證奇蹟,必得穿越「死亡之谷」。

即使在專案公司每一輪融資的過程中,投資人都執行了盡職調查的流程,也通過了投委會的表決,也並不意味著收穫的開始,而是殘酷現實的揭幕。因為接下來,大部分的專案公司即使得到了投資,也前途未卜,依然會在前進的道路

上，與死神不期而遇。

雖然沒有一家投資機構願意看到自己投資的專案公司倒下，但事實總是令人感到無奈。據統計，對於天使投資基金，IPO成功率一般在2%以下，中途退出率也不高。整體上，現金收益能超過年化10%的VC和PE基金，已是相當不錯了，畢竟80%以上的基金7年DPI（對出資者已分配的收益）都不到1，也就是說，出資者連成本都未收回。

有時大家會開玩笑地說，成功是變態，失敗才是常態。企業在走向資本的路上，成功的路只有一條，就是登陸主流的證券交易所，或退而求其次，在上市路上被併購。

保持對風險的敏感度

要穿越「死亡之谷」，創業者需要對以下三個方面保持極高的敏感度：

第一，公司的現金流管理。

第二，公司的策略決策。

第三，公司的能力圈建構。

其中，第三點就像樹的主幹，倘若第一條現金流的水分輸送出現問題，將導致主幹生長緩慢而且遲早會枯死。第二點則決定主幹生長的方向與分叉的位置，長歪了或者分叉太早，會造成主幹長不高、長不大的後果。

第 9 章　利潤塔支撐公司的資本價值

專案公司死亡的第一大原因就是對公司現金流管理的不敏感，大多是業務與財務核算分離，成本管控意識淡薄，不自覺地把攤子鋪得過大而收不住，或是對公司業績或融資的預期過於樂觀，結果發現一腳踩空了。當然，也有可能因為政策或經濟上的「黑天鵝事件」導致現金斷流問題。專案公司要樹立把融到的錢當最後一筆投資規畫的危機意識，並常年保持至少支撐公司運轉 12 個月以上的現金流。

只有基於識勢、斷事的修為，並依靠公司扎實的能力圈基本功，在危機出現時，才能避免陷入全局性的困境或崩盤的結局。

第 10 章　永續融資的 4F 法則

10.1　兩條基本常識

風險投資人大都是擁有開放性思維的風險厭惡者，在投資決策的行為中更傾向於保守。對於機構投資來說，投資絕對不是只投向一個人，而是投向一個強而有力的團隊，及其組織系統的永續性成長能力。

第一條常識：
風險投資人的看家本領 ── 迴避風險的能力

風險投資人迴避風險的方式有兩種：其一，降低投資失敗的機率；其二，力爭投出「大滿貫」的回報專案。

降低失敗機率對風投機構的意義等同於提高投資報酬率。首先要遵循「我看見，我投資」的確定性原則，再預判不確定的風險所在。應用自己的投資理念與實踐經驗，檢視專案公司的當前現狀及其核心能力圈構成，發現其經營缺陷與未來的局限性，與過去投資失敗專案的相似性進行比對，或是對創業者的經營邏輯進行失敗性推斷，以看得見的邏輯論述專案公司存在大機率成功的確定性以及小機率失敗的可能

性,最後提交投資決策給委員會表決。

要投出「大滿貫」的回報專案,就要看好投資賽道。

賽道是否足夠大,未來趨勢如何,賽道上有沒有攔路虎,政策是積極的還是會轉向消極等,然後在「降低失敗率」的保守決策基礎上,做出投資判斷。錯過一個好專案對機構投資者來說是常有的事,但他們不可能因此成為激進的風險擁抱者。

當然,對於許多投資機構來說,如果能夠投出一個超級回報專案,就可以承受更大的投資失敗機率,或是整體的投資報酬率將會大幅上升,這是機構投資者的立身之本。因此,不斷在一家「好公司」身上持續下注,在不同階段持續領投或跟投,已成為獲取超級回報的投資共識。

第二條常識:投資就是投人

目前來看,投人的邏輯對於投資人來說,沒有公認的標準答案。對於機構投資者來說,投資絕對不是只投向一個人,而是投向一個強而有力的團隊及其永續性成長能力。

不同賽道,看人的邏輯完全不同,即使是同一賽道,由於所處的市場地位不同,投資人在投資時看人的邏輯也會有極大差異。

從廣義上講,投資人所看到的人,不僅是指包括創始

人、合夥人、股東、公司骨幹在內的公司成員，還需要觀察基層員工。要了解這些人的個人工作背景與能力如何，在公司平均工作了多長時間，其工作動力來自哪裡，堅持在公司工作的理由是什麼，公司的平均人效是多少等等。此外，還要看間接的公司組織執行架構、流程及其管理水準等對人的工作效能產生持續影響的組織行為及組織文化等。

10.2　4F 法則

如何讓投資人理解「確定性的邏輯」，是融資成功的前提，畢竟投資不是做慈善。機構投資者永遠只會是錦上添花的力量，他們只會在專案公司經營還不錯的情況下，看到是否有可能利用資金投入進行規模化放大，使公司得以加速發展，實現公司價值的快速成長。換句話說，如果專案公司萬事俱備，只欠「東風」（資本），那麼「東風」才會來，否則即使千呼萬喚「東風」也不願來。

在不同輪次的融資過程中，整體上要面對以下八大問題，投資人可從中發現有可能導致失敗的不確定因素，同樣也可以找到公司可能成功的確定性理由：

(A) 公司正在做什麼？（賽道、空間潛力、創業情懷）
(B) 公司所規劃的未來是什麼？（公司願景、策略定義與里程碑）

第 10 章　永續融資的 4F 法則

(C) 公司有能力實現嗎？（創始人背景及團隊的能力圈構成、管理效率、組織文化、資源相配度）

(D) 公司如何實現上述規畫？（業務執行、盈利模式、商業模式與公司治理方式）

(E) 公司什麼時間實現？（當前營收、利潤、現金流狀況、未來三年財務預測）

(F) 公司可以確保實現上述規畫嗎？（合規性、股權治理、人才團隊、組織管理、對賭協議）

(G) 公司需要多少融資金額？

(H) 退出的機會有多大？（併購可能、上市計畫、預計投資報酬）

根據機構投資及創業公司的融資實踐，沿著公司值錢的路線圖，本書提煉出永續融資的 4F 法則，應用於公司的融資行動，主要包括：

未來（Future），描述一個有可能實現的未來。

支點（Fulcrum），找到一個支撐公司價值的投資判斷基準點。

要素（Factor），即一群合適的人。

信仰（Faith），擁有一種必勝的堅定信念。

未來（Future）有多大

1. 賽道空間

　　需要參照上面八大問題中的第一問：公司正在做什麼？賽道是大海還是池塘？根據產業發展趨勢，向投資人論證公司所在賽道的未來空間有多大，是百億、千億還是兆量級的。

　　許多創業者以為只要把「餅」畫大，就能獲得投資，這是一個極大的失誤。投資者想要了解的是這個未來是不是真的與你有關，你需要多久可以實現這個未來。

2. 時機點

　　讓投資人覺得專案公司的現在是把握賽道未來的最好時機。從社會經濟大勢分析，從產業的過去、現在與未來趨勢中發現產業發展質變的機會點，告訴投資人當前確實是投資未來的最佳窗口期，或者現在是投資公司的最佳時機。

3. 清晰度

　　需要參照上面八大問題中的第二問：公司所規劃的未來是什麼？對於公司願景、策略定義與里程碑，創始人是否有清晰的目標與執行計畫。

　　要用真實的經營資料告訴投資人，公司有能力實現未來，並且正走在實現未來的路上。當前公司處於哪一個發展

第 10 章　永續融資的 4F 法則

階段,存在哪些問題,正在尋找哪些可行的解決方案。

這是讓機構投資對公司價值產生確定性邏輯的基礎。

支點 (Fulcrum) 在哪裡

阿基米德 (Archimedes) 說:「給我一個支點,我能撬動地球。」

專案公司撬動地球的支點在哪裡?投資公司也需要找到一個支撐公司價值的投資判斷基準點。價值支點可能來自 CVC 產業投資尋找產業鏈或價值鏈上的併購價值,或公司價值以外的價值拼圖組成。但從內在價值的角度看,價值支點須依託於專案本身的亮點、制高點與爆發點。突出其中最重要的一點或三點共有的里程碑事件,就能形成專案融資的價值支點,這在投資者進行投資決策時會發揮關鍵的支撐作用。

1. 亮點

專案公司與眾不同的亮點在哪裡,解決了哪些社會、產業或使用者的剛需性痛點問題。對於公司的客戶或終端使用者來說,公司的產品與其他競爭產品相比,最鮮明的亮點是什麼?

2. 制高點

公司已掌握具有強大競爭力的制高點在哪裡,是產品、管道、技術、品牌、流量,還是其他領先的優勢力量,是否能以此建立起自己的護城河。

3. 爆發點

專案公司實現爆發式成長的可能性在哪裡，需要什麼條件支撐這種可能性，公司為此做了哪些必要的可行準備，預測當前距離爆發點還有多遠，是否只要獲得合適的投資，就能完全解決爆發前的問題？

要素（Factor）充足嗎

未來可見，也找到了投資價值支點，接下來需要證明團隊是由一群合適的人組成的。投資人由此預見公司的高成長性或高價值回報的可能性，並願意承受在一定範圍內的市場風險。

所謂合適的人，是指投資人希望看到符合「一個厲害的人＋企業家精神＋一支強大的團隊」要求的專案公司。

考量專案公司是否擁有支撐當前輪次投資決策的堅實營運基礎，涉及利潤塔的四個必然要素、公司價值成長的邏輯能否自洽、整體組織架構、股權治理結構設計及組織文化等多方面的綜合考量。

不少創業者可能無法理解投資機構為何要求如此高的報酬率，這僅是一個基本要求。如果在考慮到投資失敗率的風險攤薄後，你或許就會明白，一檔基金想要實現平均 10％以上的年報酬率，有多麼困難。

因此，在找機構投資者投資前，先好好考慮一下自己的專案是否存在高倍率回報的可能性。

除經營主體的能力圈風險外，投資風險還來自以下三個方面：

一是創業者的素養風險，如公款私用，把投資人的錢撈到私人腰包裡，把個人利益置於共同利益之上等；二是市場風險，產品是否符合市場的需求，公司的業務執行能力或者行銷能力夠不夠，市場是否可以實現規模化成長等；三是合規性風險，公司是否有契約精神，股東之間的股權協議是否合規，當前的財務合規性及經營行為的法律合規現狀是什麼，公司是否有全面合規的意願與落實行動等。

如何讓投資人相信公司擁有對風險的掌控能力，也是融資成功不可或缺的重要因素。

信仰（Faith）還在嗎

我們都知道，創業的過程不可能一帆風順。因而，投資人希望能夠清楚地看到創始人及其團隊是否擁有必勝的堅定信念與決心。當公司有一天不可避免地面對挫折與困境時，是什麼支撐團隊繼續奮鬥下去。

「冬天來了，春天還會遠嗎？」

有情懷的創業者在面臨艱難抉擇的考驗時，會擁有堅持

下去的堅定信念。如果創業者只是抱著賺錢的心態試一試，那麼最終一定只是試試看的結果，且一旦遭遇困難，創業者很難堅持下去。

因此，投資人更願意看到一個百折不撓的創業者，能夠對自己所從事的事業擁有信仰式的情懷。這也是降低風險的一種考量。

創業者的行動決心代表自己對公司的信仰，這將在極大程度上影響創業團隊的士氣。

在可能的情況下，投資人希望創業者以對賭協議的方式展現自己必勝的信念與決心。

第 11 章　價值評測

　　衡量公司價值的核心指標會隨發展階段的不同而發生變化，風投輪次也會有所差別。從當前階段發展到下一階段，需在現階段指標的基礎上，擁有下一階段的關鍵價值指標，推動公司價值的升級。

價值判斷的二元化

　　在前文中，我們曾談到賺錢與值錢屬於兩種不同的價值走向，一種是以公司的利潤規模及利潤率支撐公司價值，另一種是以公司未來發展的可能性及趨勢性支撐公司價值，公司可能在很長一段時間內處於虧錢或利潤額極低的經營狀態。

　　對於傳統的賺錢的公司，其核心價值在於當前的利潤規模及其成長空間。投資價值主要在成長後期、擴張期或成熟期，VC 重點關注的是公司在 3～5 年內實現上市的機會。在合理的預測條件下，若公司的財務指標無法達到 IPO 的要求，那麼 VC 就不會進場。

　　然而，值錢的公司，其價值核心在於商業模式的獨特

性、未來永續性的現金流規模、市場的規模化成長速度及其商業想像空間。投資價值可以從初創期開始，順著成長期、擴張期走向成熟期。值錢的公司在投資過程中的退出通道相對比較寬，一旦成功上市其報酬率將遠超傳統的賺錢公司，特別是在新經濟產業領域。

價值判斷的四大維度

全球最大的風投基金 KPCB 的合夥人約翰・杜爾（John Doerr）曾說：「在當今世界上，有大量的技術、大量的創業者、大量的資金、大量的風險投資。稀缺的是優秀的團隊。」

早期專案公司自不必說，創始團隊就是公司的全部，創業者的特質將決定公司的價值走向。但無論結果如何，VC在投資過程中都會以初篩、面談、研究與盡職調查等方式與創業者及其團隊進行溝通、評估及談判，最後做出投資決策。所有這些工作，圍繞「團隊」的品質中心，形成公司價值判斷的基礎指標（見表 11-1），包括賽道價值、人的價值、公司價值與投資價值四個維度的價值判斷標準。其中大部分內容在前文中均有論及，在此就不複述了。

第 11 章　價值評測

表 11-1 公司價值判斷基礎指標

		賽道價值	人的價值		公司價值		投資價值	
初創期		產品定位	創始團隊能力圈構成		業務執行		專案亮點	輪次
		目標市場	大海／池塘	股權治理結構	管道	行業資源	估值	投資金額
		市場驗證	需求真偽	行動力	業績	行銷力	回報	風險判斷	種子輪 天使輪
		賽道定型	趨勢性	信仰	品牌	主導策略	退出通道	
成長期	初	策略定義	創業精神		最小經營單元範本		成長邏輯	Pre-A
			專業化		財務表現			A
	中	商業模式	人才團隊		盈利模式			A+／Pre-B
			管理層能力圈構成		客戶資料		財務預測	B／B+
	後	價值鏈升級	集體共識		護城河		商業想像空間	C／C+
			組織管理能力		組織文化			D／戰投
擴張期		規模化速度	協同性		內控	現金流管理	獨角獸潛力	C-H／戰投

213

	賽道價值	人的價值	公司價值	投資價值
成熟期	市場占有率	權益治理	盈利效率	利潤規模	CD／Pre-IPO
衰退期	創新機會點	決斷力	能力圈現狀	資產重組／併購／轉型	(CVC)
穩定期	策略整理	打破邊界	里程碑品質	市場地位	ABC
轉型期	爆發力	心力	業務 確定性前提	破局點	AB／(CVC)

價值判斷的考量因素排序

　　哈佛商學院的馬克・歐斯納布格（Mark Van Osnabrugge）和羅伯特・羅賓遜（Robert J. Robinson）曾對 VC 專案投資選擇標準做過大量分析，並對其投資價值判斷的考量因素進行了重要性排序（見表 11-2）。

表 11-2 投資價值判斷考量因素及其重要性

主要板塊	投資價值判斷的考量因素	重要性排序
團隊	創業者的可信賴程度	1
	創業者的行業經驗	2
	創業者的事業熱情	3
	創業者的歷史業績	8
	投資人與創業者面談／交流時是否愉快	9
產品及市場	產品／服務的銷售潛力	5
	市場成長潛力	6
	產品／服務品質	10
	產品／服務的整體競爭保護機制	11
	細分市場	13
	非正式競爭保護（技術、訣竅、方法等）	14
	行業競爭情況	16
	正式的產品／服務競爭保護（專利）	20
財務前景	可預計的財務回報	4
	期望報酬率	7
	高利潤率	15
公司財務狀況	公司無融資情況下實現盈虧平衡的能力	19
	管理費用低	21
	市場測試費用低	22
	投資額	23
	資本性支出低（用於資產投資）	24

主要板塊	投資價值判斷的考量因素	重要性排序
投資相關	潛在的退出途徑	12
	投資人對業務和行業的理解	17
	投資人對業務發展的參與度	18
	跟投的投資人	25
	投資人幫助企業的能力	26
	企業在本地	27

第 12 章　資本價值獲取的 5 點建議

　　與大部分人一樣，創業者也會習慣性地高估自己，經常對專案公司的投資價值有不切實際的過高期望。於是，拍著腦袋要錢、喊估值，不懂遊戲規則就上場，沒有做好準備就出發，這些在投資人看來很搞笑的事情，現實中卻經常上演。正確對待股權融資，是對投資人的一種尊重，也是在尊重自己。為避免各位成為搞笑人物，本書向中小企業的創業者提出以下 5 點建議。

1. 不要「在無知的情況下」上場

　　如果有人不懂得足球比賽的遊戲規則或只憑藉業餘的技能，就上職業賽場踢球，還想參加世界盃，你會怎麼看？

　　事實上，大部分的中小企業在向投資機構融資的時候，就是這種「在無知的情況下」上場的狀態，以完全業餘的認知在做專業的事情。若非專案公司「天生麗質」值得再看一眼，無非是一個照面就被打入冷宮的結局，想成為最終那 1% 的候選者，是幾乎不可能的。沒有準備好就出發，大都徒勞無功。

　　建議找個適合當前發展階段的 DVC 嚮導帶路，並助你登頂，不僅可以少走彎路，還可以提高融資的成功率。

2. 不要把公司估值當成真實資產

公司估值是股權投資與交易的基準前提，只是一種未來可能存在的資產，其價值依據來自投資機構對專案公司未來在資本市場上的商業想像空間的可能性判斷。這是一個非常複雜的專業性問題，不同發展階段以及不同行業的公司，在資本運作時所採取的估值方法會有不同的評估標準或計算公式，彼此之間有很大的差別，早期專案甚至只是雙方之間達成一致的口頭叫價。

不管怎樣，如果無法進入下一輪融資，公司估值就是一個掛在牆上的數字或者是泡沫的代名詞，它跟固定或流動資產不一樣，不具備通行的可變現的強勢貨幣特徵。因此，在面對不同輪次的融資時，要理性地面對自己的估值設計，不要過分糾結估值問題，只要清楚地知道自己在當前階段想要透過融資達成的策略目標即可，否則容易犯錯或停滯不前。

建議創業者在融資過程中，在策略上要看重股權的投資價值，但在戰術上要輕視它。要有把專案公司「當兒子養，當豬賣」的開放心態，首先要把眼光放在「如何把蛋糕持續做大」上，有計畫地推進公司價值實現的步驟，不要因惜售而錯過良機。

3. 不要說「不投資會後悔」之類的笑話

在機構投資者眼中，沒有錯過的專案，只有投錯的專案。凡是因為錯過的專案而患得患失的機構，很快都會奔向懸崖。所謂「後悔」的言論，不過是一句玩笑話而已，不會有什麼人將其放在心上。

機構投資是一個職業化的投資行為，所有的專案投資最終都必須滿足回報與風險的預期，這是以投資決策委員會的一票否決制來保證理性投資的原則，即使有意外，也不是隨意投資的產物。

真正好的專案，不怕沒有投資者。如果遇到機構選擇不投資，就必定有其無法確定的風險問題，只是有些投資人會實話實說，但在更多的情況下，他們會換一種說辭。

4. 不要對資本畏之如虎

正所謂「好事不出門，壞事傳千里」。創業者對於資本的畏懼大多來自媒體報導的負面新聞，絕大多數情況下，人們對未知或失敗的恐懼要多於事實本身。但是，通常人們容易忽視擺在眼前的鮮活景象，那些已經上市的 6,000 多家公司（2021 年統計資料），都是資本運作成功的案例。

建議創業者要多學習如何利用資本力量加持公司的永續發展，而不是因噎廢食，盲目排斥資本營運。

5. 不要弄虛作假

以造假方式矇混過關也許可以獲利一時，但終究會成為公司未來發展的定時炸彈。在 VC 投資決策的過程中，企業經營的真實現狀，包括創始人背景、經營收入、客戶資料及其發展存在的問題等，是盡職調查必然的課目，一旦發現弄虛作假的情況，基本上就可以提前宣告流程的結束。

建議創業者努力挑戰未來，而不要努力掩飾過去。過去難以改變，而未來存在更多可能性。與其遲早要付出代價，不如慢些走，在正確的方向上打好基礎，或許可以更快地抵達彼岸。

第 12 章　資本價值獲取的 5 點建議

國家圖書館出版品預行編目資料

利潤塔策略，創業者的資本思維：策略定義 ✕ 能力圈構成 ✕ 利潤主線界定 ✕ 盈利點分布⋯⋯擺脫單一成長模式，實現長期穩健的企業增值 / 蒼布子 著 . -- 第一版 . -- 臺北市：沐燁文化事業有限公司 , 2024.11
面； 公分
POD 版
ISBN 978-626-7557-95-2(平裝)
1.CST: 企業經營 2.CST: 利潤
494.76　　　　　　　113017455

利潤塔策略，創業者的資本思維：策略定義 ✕ 能力圈構成 ✕ 利潤主線界定 ✕ 盈利點分布⋯⋯擺脫單一成長模式，實現長期穩健的企業增值

作　　　者：蒼布子
發　行　人：黃振庭
出　版　者：沐燁文化事業有限公司
發　行　者：沐燁文化事業有限公司
E - m a i l：sonbookservice@gmail.com
粉　絲　頁：https://www.facebook.com/sonbookss/
網　　　址：https://sonbook.net/
地　　　址：台北市中正區重慶南路一段 61 號 8 樓
8F., No.61, Sec. 1, Chongqing S. Rd., Zhongzheng Dist., Taipei City 100, Taiwan
電　　　話：(02) 2370-3310　傳真：(02) 2388-1990
印　　　刷：京峯數位服務有限公司
律師顧問：廣華律師事務所 張珮琦律師

-版權聲明-

本書版權為中國經濟出版社所有授權崧博出版事業有限公司獨家發行電子書及繁體書繁體字版。若有其他相關權利及授權需求請與本公司聯繫。
未經書面許可，不得複製、發行。

定　　　價：320 元
發行日期：2024 年 11 月第一版
◎本書以 POD 印製
Design Assets from Freepik.com